LOCUS

LOCUS

LOCUS

LOCUS

touch

對於變化，我們需要的不是觀察。而是接觸。

touch 8
80/20 法則
20 週年擴充新版
商場獲利與生活如意的成功法則
The 80/20 Principle

作者：理查・柯克（Richard Koch）
譯者：謝綺蓉、趙盛慈
責任編輯：陳郁馨、吳瑞淑
封面設計：許慈力
校對：呂佳真
出版者：大塊文化出版股份有限公司
台北市 105022 南京東路四段 25 號 11 樓
www.locuspublishing.com
電子信箱：locus@locuspublishing.com
讀者服務專線：0800-006689
TEL：(02) 87123898
FAX：(02) 87123897
郵撥帳號：18955675
戶名：大塊文化出版股份有限公司
法律顧問：董安丹律師、顧慕堯律師

總經銷：大和書報圖書股份有限公司
地址：新北市新莊區五工五路 2 號
TEL：(02) 89902588 (代表號)　　FAX：(02) 22901658
初版一刷：1998 年 11 月 四版十一刷：2024 年 3 月

定價：新台幣 450 元
Printed in Taiwan

80/20法則

商場獲利與生活如意的成功法則

THE 80/20 PRINCIPLE

THE SECRET OF ACHIEVING MORE WITH LESS

20週年擴充新版

RICHARD KOCH 理查・柯克 著

謝綺蓉、趙盛慈 譯

長久以來，帕列托法則（80／20法則）在經濟世界裡蹣跚而行，如風景中的一塊奇石。但至今無人能解釋這條實用的法則。

——約瑟夫・史丹德爾（Josef Steindl）

上帝和整個宇宙玩骰子，但是這些骰子被動過了手腳。我們的主要目的，是去了解它被用什麼手法動了手腳，我們又該如何使用這些手法，來達到自己的目的。

——約瑟夫・福特（Joseph Ford）

我們不能確定，在朝向完美的路上，人類究竟能進步到何種程度。因此我們大可以做一個不致錯誤的結論：這世上的每個時代都曾增進，至今財富、幸福、知識，乃至人類的美德，都持續比前一時代增進。

——愛德華・吉朋（Edward Gibbon）

目錄

20週年擴充新版增訂序

80／20法則正在向前邁進——不只是這本書而已，80／20法則本身也是。在過去十幾二十年間，商業、社會、我們的個人生活，以及我們對80／20法則如何運作、為何運作，有怎麼樣的理解，統統出現了劇烈的變化。

80／20法則從來沒有像現在這樣無所不在、這樣重要。過去，這個法則讓運用它的人擁有強大的優勢。未來，對所有想要成功或得到快樂的人來說，它將成為**重要**——或許是**不可或缺**——的一項工具。

既然如此，過去幾年發生了什麼事情呢？簡而言之，有三件事情：

一、由上而下的大型組織正在讓位——至少，就網絡或網路（network）而言，就蘋果（Apple）、Google、Facebook、優步（Uber）、亞馬遜（Amazon）、eBay、必發（Betfair）等網路企業而言，大型組織帶來高成長、高收益、高額現金的能力已經下降。這些網絡和網路組織正在主導社會，而這就是80／20法則更加普遍的原因。所有網絡或網路都展現正反饋回路（positive feedback loops）的特質——大者恆大、富者恆富、有名者更加有名，而且有利於世界的網絡（例如：網路企業和經常隨之產生的慈善機構），以及不利於世界的網絡（例如：販毒集團和ＩＳＩＳ），都會變得更加富裕、更有權力。

新增加的第十七章，將說明什麼是網絡和網路事業，以及為什麼有理智的人（假如他們有雄心壯志的話），都會為網絡或網路事業效力。

二、過去一個多世紀來，我們辨識出的80／20型態，始終非常一致，主要在70／30和90／10之間變化，目前則正在快速提高到90／10和99／1的分配比例。

新增加的第十八章，描述偏向一方的因果分配，其偏斜的情形，將如何因為未必會發生的事情發生機率愈來愈高、財富快速轉型的影響愈來愈大，而偏斜得愈來愈劇烈。

三、在成功與失敗、個人成就與焦慮不安、幸福快樂與悲慘淒涼之間，有幾個至關重要的經驗法則。新增加的第十九章，會描述五項應當遵守的超級法則。

我還發現一件事情。本書前幾個版本當中，並未納入80／20法則最明顯的例子。新增加的第十六章，將描述一個「神龍見首不見尾的朋友」，它會對你的人生帶來力量超大、極為有利的影響。這位躲起來的朋友，完全不需要有意識地付出努力，就能以超級快的速度運作，並且產生超級劇烈的影響。經過適當訓練，這位躲起來的朋友可以轉變你的人生。你只需要一點點努力，就能辦到——祕訣在於，如何訓練、如何將訊息轉換成它能夠接收的樣子。

這樣就大功告成了。我們增加四篇新的精彩章節。來，到屋頂上，大聲說出80／20法則的好消息吧。

《80／20法則》以三十六種語言發行，已經賣出超過一百萬本了。我大膽期待，希望新版（我認為新書價值更高）會達到那個紀錄的好幾倍。

對於已經達到的成就，我衷心地感謝各位讀者——你們是從中受惠的人，或許也是將福音傳播出去的人。我從各位的訊息和電子郵件知道，許多人覺得這個法則非常神奇。希望各位會一直這樣認為，非常謝謝大家。我是否觸動各位的生命還有待商榷，但我的生命絕對因各位而受到感動，對此我滿懷感謝。

理查・柯克
richardkoch8020@gmail.com
二〇一七年三月寫於直布羅陀

80／20饒舌歌

你知道有一首精彩絕倫的80／20饒舌歌嗎？感謝舉世無雙的懷亞特・莫吉・傑克森（Wyatt Mo'Gee Jackson）創作這首歌。如果你有興趣，可以到www.richardkoch.net，線上聆聽。這首歌跟一般的流行歌曲一樣，總長約三分鐘。下面是歌詞，中間穿插我對這本書的總結（以粗體表示）：

理查・柯克是商務人士，
他發現真相，真是偉大計畫。
寫一本書，大賣特賣。
不但酷炫，又有道理。

書名叫80／20法則，
箇中寓意，至關重要，
好好坐下，且聽我唱。
讀完此書，前程光明。

80／20法則，成功關鍵，
80／20法則，以少得多，
80／20法則，成功關鍵，
80／20法則，收穫更多。

所以什麼是80／20法則？80／20法則主張，少數原因、投入或努力，通常導致多數結果、產出或報酬，所以大部分產出來自於非常少的原因或投入。

80／20法則，成功關鍵，
80／20法則，以少得多，
80／20法則，成功關鍵，
80／20法則，收穫更多。

意思就是，以工作為例，我們有百分之八十的工作成就，來自付出時間的百分之二十。因此，從各種務實的角度來看，我們的努力有五分之四——其實幾乎是所有付出——都和成果沒有太大的關聯性，當然，這跟我們平常預料的情況有所違背。

80／20法則，成功關鍵，
80／20法則，以少得多，
80／20法則，成功關鍵，
80／20法則，收穫更多。

所以，80／20法則說明，原因與結果、投入與產出、努力與報酬之間，本身存在不平衡的關係。80／20法則關係為這個不平衡的現象提供一個好基準。在典型模式中，百分之八十產出來自百分之二十投入；百分之八十結果來自百分之二十原因；百分之八十報酬，來自百分之二十努力。在商業界，許多80／20法則的例子經過證實：百分之二十產品，通常占百分之八十銷售額。既然如此，把心力放在百分之二十的顧客上吧。而且，百分之二十的產品或顧客，通常也為組織帶來百分之八十的利潤。

80／20法則，成功關鍵，
80／20法則，以少得多，
80／20法則，成功關鍵，
80／20法則，收穫更多。

宇宙是歪斜的！

什麼是80／20法則？80／20法則告訴我們，不管你是哪裡人，有些事情可能會比其他事情來得重要許多。一個有用的判斷基準（或假設）就是，百分之八十的結果或產出，來自百分之二十的原因，而且有時候，來自比百分之二十更低的強大力量。

我們平常使用的語言是個好例子。發明速記法的艾賽克．皮特曼爵士（Sir Isaac Pitman）發現，七百個常用詞彙在我們的對話裡就占了三分之二。皮特曼發現，包括這些常用字延伸出來的詞彙在內，這些字詞占據日常會話的百分之八十。因此，我們說話的時候，有百分之八十的時間，使用的是那不到百分之一的字（《簡編新牛津英語詞典》總共收錄超過五十萬字）。我們可以將其稱為80／1法則。同樣地，有百分之九十九以上的對話，使用不到百分之二十的字：我們可以將其稱為99／20關聯（relationship）。

以電影為例，也能描述80／20法則。最近有一項研究顯示，百分之一．三的電影，賺走百分之八十的票房收入，這相當於得出一條80／1定律（請見第39頁）。

80／20法則不是神奇的公式。有時候，這個因果關係不是80／20或80／1，反而比較接近70／30。但百分之五十的原因導致百分之五十的結果，這種情形少之又少。我們可以預測宇宙是不平衡的。真正重要的事情非常少。

真正有成效的人和組織，在他們的世界中，靠著發揮作用的少數強大力量來讓自己壯大，並將這些力量轉變成自己的優勢。

請繼續閱讀，了解如何辦到這一點……

第一部
序曲

1 暖身

歡迎來認識80／20法則

現代世界的成形，80／20法則有著重要作用，
品質革命與資訊革命都受到它的啟發。
然而，即使是懂得使用80／20法則的菁英，
至今也只開發了本法則一小部分的威力而已。
請來了解這項探索不平衡現象的法則，
因為它能讓所有追求利潤的公司獲利更多；
使每一個人的生活更有效率，更快樂；
讓政府能為人民謀更多福利；
總之，80／20法則帶來社會全面的進步。

「長久以來，帕列托法則在經濟世界裡蹣跚而行，如風景中的一塊奇石。但至今無人能解釋這條實用的法則。」在一九六五年出版的一本討論帕列托法則（即80／20法則）的書中，史丹德爾（Josef Steindl）如是說。①

其實，80／20法則可以、也應該被聰明人應用於日常生活中、組織中、團體及社會裡。這條法則能幫助個人及團體，花較少的力氣，獲得更多的利益。80／20法則能增進個人的效率和快樂，能增加公司的收益及任何組織的效率。它甚至是降低公共服務成本，並提升其質和量的關鍵。

本書為第一本有關80／20法則的書籍。②作者對於80／20法則懷有強烈信心，而此法則經由許多人和企業的親身實證，是處理和超脫現代生活壓力的絕佳方法。

什麼是80／20法則

80／20法則主張：**一小部分的原因、投入或努力，通常可以產生大部分的結果、產出或報酬**。就字面意義來看，這法則是說，你所完成的工作裡，百分之八十的成果，來自於你所花的百分之二十時間。如此說來，對所有實際的目標，我們五分之四的努力——也就是大部分的努力，是與成果無關的。這情況有違一般人的預期。

所以，80／20法則指出，在原因和結果、投入和產出，以及努力和報酬之間，本來就是不平衡的。80／20的關係，提供這個不平衡現象一個非常好的指標：典型的模式會顯示，百分之八十的成績，歸功於百分之二十的努力。下頁的圖表示出這些典型的模式。

在商業世界裡，出現許多80／20法則的情況：

百分之二十的產品，或百分之二十的客戶，涵蓋了約百分之八十的營業額。

百分之二十的產品或顧客，通常占該企業組織約百分之八十的獲利。

在社會上，百分之二十的罪犯占了所有罪行的百分之八十。

百分之二十的汽車駕駛人，引起百分之八十的交通事故。

百分之二十的已婚者，占離婚人口的百分之八十（那些不斷再婚又再離婚的人，扭曲了統計的數字，讓人對婚姻的忠誠度大感悲觀）。

百分之二十的孩子，達到百分之八十的教育水準。

在家中，百分之二十的地毯面積可能有百分之八十的磨損。百分之八十的時間裡，你穿的是你所有衣服的百分之二十。如果你有一只保全警報器，百分之八十的錯誤警示，是由百分之二十的原因造成的。

而引擎更是80／20法則極好的明證：百分之八十的能源浪費在燃燒上，只有百分之二十可以傳送到車輪；而這百分之二十的投入，卻能產生百分之百的產出！③

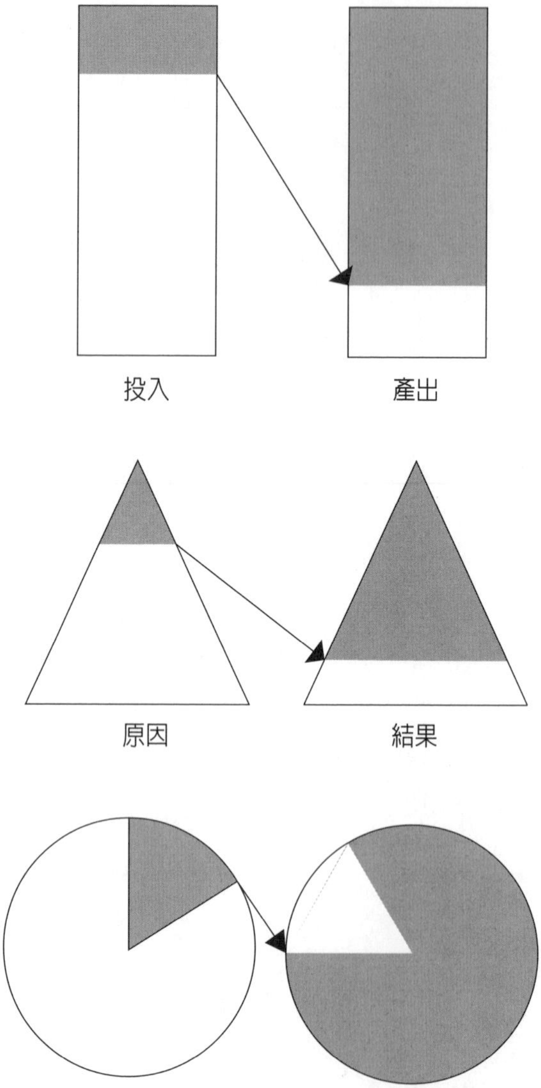

80／20法則

有系統又可預測的不平衡

一八九七年，義大利經濟學者帕列托（Vilfredo Pareto, 1848-1923），發現了80／20法則。後人對於他這項發現有不同的稱呼，例如帕列托法則（Pareto Principle）、帕列托定律（Pareto Law）、80／20定律（80/20 Rule）、最省力法則（Principle of Least Effort）、不平衡原則（Principle of Imbalance）。以上這些名稱，在本書中一律稱為80／20法則（80/20 Principle）。

80／20法則對許多重要人物造成潛在的影響，特別是對商業人士、熱中於電腦的人和品管工程師，所以，現代世界的成形，80／20法則有著重要作用。然而本法則至今仍是一大祕密——即使是懂得使用80／20法則的菁英，至今也只開發了本法則一小部分的威力而已。

帕列托究竟發現了什麼？他偶然中注意到十九世紀英國人的財富，流向少數人手裡。或許這沒有什麼好大驚小怪的，但他同時發現兩件他認為非常重要的事實。其中一項為：某一個族群占總人口數的百分比，和該人口群所享有的總收入或財富之間，有一項一致的數學關係。④我們可以從帕列托的研究中歸納出一個結果，簡單地說，如果百分之二十的人口享有百分之八十的財富，⑤那麼你可以預測，其中百分之十的人擁有約百分之六十五的財富，而百分之五十的財富，是由百分之五的人所擁有。重點不僅是百分比，更在於一項事實：財富在人口中的分配是不平衡的，而這是可預測的事實。

帕列托真正感到興奮的是另一項發現，那就是這種不平衡的模式會重複出現，他在不同時期或不同國度都見到這種現象。不管是早期的英國，還是與他同時代的其他國家，或更早期的資料，他發現相同的模式一再出現，而且有數學上的準確度。

這到底是什麼？是一種奇特的巧合，還是某種對於經濟和社會影響甚鉅的東西？在非關財富或收入方面的資料，也可以用它來說明嗎？這是一大創舉，因為在帕列托之前，沒有人注意到兩組資料的相關性，進而比較兩組資料的百分比；在帕列托的例子來說，他是把財富或收入的分配，與所得者或財產擁有者的數目拿來比較（現在，運用這方法是常事，且已造就商學和經濟學上的重大突破）。

可惜，儘管帕列托知道這一連串發現的重要，但是他闡釋說明的工夫不行。他後來去做許多有趣但雜亂無章的社會研究，以菁英分子的角色為研究中心，卻在他晚年被墨索里尼的法西斯黨剽竊。因此在那時代，80／20法則的重要性並未彰顯。儘管有些經濟學者，特別是美國學者意識到它的重要性，⑥但要到第二次世界大戰之後，才有兩位實力相當但截然不同的先驅者開始運用80／20法則，引起世界騷動。

一九四九：吉普夫的最省力法則

其中一位是哈佛大學的語言學教授吉普夫（George K Zipf）。一九四九年，吉普夫發現「最省力法則」。但「最省力法則」實際上是對帕列托法則的重新發現與闡釋。吉普夫法則認為：資源（人、貨物、時間、技能，或任何有生產力的東西）總是會自我調整，以求將工作量減少，而大約百分之二十至三十的資源，與百分之七十至八十的資源活動有關。⑦

吉普夫教授利用人口統計、書籍、文獻與工業行為，來說明這種一致且重複出現的不平衡現象。舉例來說，他分析了一九三一年費城二十個街區內所發出的結婚證書，發現其中百分之七十的婚姻，產生於該區域中百分之三十的人身上。

附帶一提，吉普夫也用另一個法則為散亂的書桌提供了一個科學理由：「使用頻率較高的東西比較靠近我們。而聰明的祕書早就知道，常用的檔案不必歸檔！」

一九五一：朱蘭的關鍵少數規則與日本的興起

80／20法則的另一位先驅是偉大的品質導師、羅馬尼亞裔的美國工程師朱蘭（Joseph Moses Juran, 1904-2008），他正是五〇至九〇年代品質革命的幕後功臣。在他口中有時叫做「帕列托法則」，有時叫「關鍵少數規則」的原則，成為追求產品高品質的同義詞。

朱蘭在一九二四年加入西方電器（Western Electric），這是貝爾電話公司主管製造的分部。一開始他擔任工業工程師，其後成為世界品質顧問的一位前輩。

他最偉大的地方是使用了80／20法則，同時採用其他統計方法，根除了品質上的毛病，而且提升了產業與生活消費品的可靠度與價值。朱蘭的《品管手冊》（*Quality Control Handbook*）在一九五一年出版，這是本劃時代的著作。書中大大頌揚了80／20法則：

「經濟學者帕列托發現，財富分配也是不均的（與朱蘭觀察到的品質缺失一樣）。這在其他許多例證中也可找到：犯罪行為在罪犯身上的分布，意外事件在危險過程中的分布等等。帕列托的不均等分布法則，也能解釋財富分配與品質不良的分布。」⑧

但當時美國大部分的企業家都對朱蘭的理論興趣缺缺。一九五三年，朱蘭應邀前往日本演講，獲得回響。然後他留在日本，與幾家日本公司共事，轉變了生活消費品的價值與品質。一九七〇年後，美國工業受到日本的威脅，朱蘭才受到西方的尊重。後來他重回美國懷抱，並為美國工業做了他為日本人所進行過的改革。80／20法則是這場全球品質革命的中心思想。

六〇到九〇年代：運用80／20法則而躍進

在發現並且運用80／20法則這點上，IBM是最早也是最成功的一家公司。這說明了為什麼一九六〇到七〇年代，大部分電腦系統專家必須熟悉80／20法則。一九六三年，IBM發現，一部電腦約百分之八十的執行時間，是花在百分之二十的執行指令上。所以公司立刻重寫它的操作軟體，讓大部分的人都能容易接近這百分之二十，同時輕鬆即可使用，因此比起其他競爭者的電腦，IBM製造的電腦更有效率，速度更快。

發展個人電腦和軟體公司，如蘋果、蓮花（Lotus）和微軟（Microsoft），大加運用80／20法則，讓自己的電腦更便宜好用，以利新一代的客戶——包括了原先對電腦敬鬼神而遠之的「電腦白痴」。

贏家通吃

在帕列托之後的一百年，當超級巨星和新興專業的頂尖人物獲得天文數字般的薪資且不斷調漲，這時80／20法則也顯出其意涵。電影導演史蒂芬．史匹柏，一九九四年賺進了一億六千五百萬美元。賈梅（Joseph Jamial）這位收入最高的律師，其酬勞為九千萬美元。稍有才幹的電影導演或律師，只能賺到這些總額的極小部分。

二十世紀裡，人類致力於平均眾人收入，但所得仍然不平等，就算某一個範圍的數目減少了，另一個範圍卻又高出了。美國從一九七三到一九九五年，一般實質收入平均增加了百分之三十六，然而非管理階層的工人收入下跌了百分之十四。八〇年代，增加的收入全部流向上層百分之二十的人；嚇人的是，其中百分之六十四流向頂端百分之一的人！在美國，擁有股票的人也大量集中在少數家庭手中：百分之五的美國家庭，占家庭所擁有股票的約百分之七十五。類似結果也出現在美元所扮演的角色：世界貿易幾乎有百分之五十是以美元當交易單位，但美國只占全部貿易輸出的百分之十三。而在美國外匯存底是百分之六十四的時候，美國GDP占全球產出的百分之二十。

如果不持續對症下工夫，80／20法則的現象會一再出現。

80／20法則為何如此重要？

因為80／20是反直覺的。我們總會預期，所有的原因大致上是一樣重要的：所有顧客一樣重要；所有生意、每一種產品和每一分利潤都一樣好；某範圍的所有員工大致上有同等價值；我們過的每一天或每一星期都同樣重要；所有的朋友對我們一樣重要；所有的諮詢或電話都應一視同仁；每一所大學都優秀；所有問題都有一大堆原因，不值得找出其中少數的關鍵原因；所有的機會都有近似價值，所以我們全都平等相待。

我們很容易假設，百分之五十的原因或投入，會造成百分之五十的結果及產出。我們有一個先入為主的觀念，認為事情的因果會有一個相等的平衡——有時候的確如此。但這種「50／50的謬誤」，是最不正確且最有害的，又最深植人心的概念。80／20法則主張，當我們檢視和分析兩組與因果有關的資料時，最可能的結果是出現一個不平衡的模式。

這不平衡可能是65／35、70／30、75／25、80／20、95／5或99.9／0.1。或是其他任何一個組合，不過，做比較的這兩個數目加起來未必等於一百（請見第47頁）。

80／20法則還認為，當我們知道真實的關係時，我們會被它的不平衡嚇一跳，而無論那是何種程度的不平衡，通常都會超過我們的預期。高階主管可能本來就自己在心中揣測，某些顧客或產品比其他顧客或產品更能獲利，但當了解了其間真正的差異之後，他們多半會很驚訝，甚至到震驚的程度。老師可能知道，問題最多的學生或曠課情形來自少數學生，但如果仔細分析紀錄的話，不平衡的程度比預期來得大。我們也許覺得，生活中某些時段的時間比其他時段更寶貴，但如果我們計算了投入和產出，其差異仍令人吃驚。

為什麼應該在意80／20法則？不管你知不知道原因，此原則都可以應用到你的生活、你的社交圈、你的工作場所！認識了80／20法則，能讓你看清楚四周到底發生什麼事。

本書的最高宗旨是要告訴你，若運用了80／20法則，我們的日常生活能得到大幅改善：人人都能更有效率，更快樂；所有追求利潤的公司獲利更多；每一個非營利組織的努力可以更有用；政府能為人民謀更多福利；所有個人和組織，都能只用少少的努力、花費或投資，便獲得更多的益處，並避免產生負面價值。

這整個過程的重心，是一種替換過程。凡是在使用之後會減弱效果的資源，都不應再採用或應盡量少用；而能夠發揮強力效果的資源，應盡可能多用。每一項資源都應用在它最能顯出價值的地方。至於力量弱的資源，則應盡可能使之模仿強力資源的行動。

企業和市場運用此法則已有幾百年，成果極佳。約一八〇〇年時，法國經濟學者賽依（J-B Say）創造了「創業家」（entrepreneur）這個詞，認為「創業家改善了經濟資源，使之由較低的生產力轉成有較高的生產力與收穫」。

但80／20法則有個非常有意思的含義，那就是：企業和市場距離最理想的情況還有一大段路。比如說，80／20法則主張，百分之二十的產品、顧客或員工，是百分之八十的利潤來源——如果此說為真，而經詳細審視後也的確可看出一些非常不平衡的模式存在，那麼這表示：離高效率或理想狀況仍然相當遙遠。這情形的含義是：一，百分之八十的產品、顧客或員工，只能賺取百分之二十的利潤；二，這簡直造成莫大的浪費；三，公司的最有力資源，會因其他效率低得多的大多數而受到壓抑；四，如果能賣掉更多的好產品，能聘到好員工，能吸引顧客（或能讓顧客願意多購買產品），那麼利潤就能增加。

既然有此情況存在，一定有人會問：為什麼還要繼續生產那些只獲利百分之二十的百分之八十產品呢？但一般公司很少會這樣問，因為這問題的答案意味著要採取激烈且徹底的措施：停止生產五分之四的產品。此改變非同小可！

賽依所謂的創業家成果，在現代金融家口中成為套利（arbitrage）。國際金融市場修正價值變化的速度非常快，例如對匯率的反應。創業家或套利的過程，能把資源從效用低的部分移轉到能發揮功用之處，但商業組織和一般人不懂這方法，也不懂得把低價值的資源去除，轉而購買高價值的資源。

很多時候，我們不知道，有些資源的生產力超高——但只有少數資源是如此（朱蘭稱這種為「關鍵少數」）。而我們也不知道，資源中的一大部分只有少許生產力，或實際上會造成負面效果（朱蘭稱這為「無用多數」）。如果我們在生活的各個層面中確實意識到「關鍵少數」和「無用多數」之間的差異，並且著手改善，則我們所珍視的事物將可以增加。

向混沌理論找答案

機率理論告訴我們：所有80／20法則的應用不可能都是隨機發生的。我們只能說，還有一些更深奧的含義或原因隱藏於80／20法則背後。

為此，帕列托陷入苦思，想找出一套方法來研究社會。他試圖尋找一個「能反映出從經驗與觀察中所得的事實」的理論，希望能找到有規律的模式、社會規範或「一致性」（uniformity），用以解釋個人和團體的行為。

但帕列托沒有發現具說服力的關鍵點。他沒來得及知道物理學提出的混沌理論就去世了，而混沌理論卻與80／20法則有相似之處，且有助於解釋它。

二十世紀最後的三十年發生了一場革命，改變了科學家對宇宙的觀察，推翻了過去三百五十多年來所盛行的見解。過去的宇宙觀盛行以機械為基礎的理性看法，而這理性看法，是自中古世紀以來主宰了人類對世界採取神祕和隨機看法的一大躍進：以機械為基礎的看法改變了古早對神的見解，以前把神當做一種非理性且不可預知的力量，機械時代則視神為較友善的時間工程師。

這樣的世界觀自十七世紀盛行至今，只有高層的科學圈不接受，但一般人都覺得它讓人安心，而且它也很有用：所有的現象都化約成有規則且可預測的線性關係。比如a導致b，b導致c，因此a＋c導致d。在這種世界觀中，宇宙的任何一個細部，例如人類的心臟手術或任何一個市場，都能拿來獨立分析，因為整體是所有細部的總和。

但是在二十一世紀，更正確的看法似乎是把世界看待成一個正在演化的有機體。一個系統並不是所有零件的總和，而零件與系統之間的關係也不是線性關係。很難確定什麼是造成事物的原因，因為各個原因之間往往有複雜的相關性，而何者為因何者為果，不是涇渭分明的。直線思考方式的缺點是它不能永遠成立，它把真實現象過度簡化了。平衡是一種幻象，即便出現也稍縱即逝。而宇宙是不穩定的。

混沌理論儘管名稱中有混沌二字，但它並不是指一切事物都是無希望或不能理解的亂象。它指的是，在紊亂背後自有一個邏輯，一個可預測的非線性關係。這個可預測的非線性關係，是經濟學者保羅．克魯曼（Paul Krugman）描述為「神祕」、「怪誕」和「精確得可怕」的東西。[9]這邏輯的發現沒那麼難，但要描述可就不容易了，而且與音樂裡的主題再現有相似之處。某些具有特色的模式會重複出現，但它有無限種類，而且不可預知。

混沌理論和80／20法則互相闡釋

混沌理論及相關的科學觀念，與80／20法則有何關係？還沒有人把這兩種理論串在一起，但我認為兩者大有關係。

不平衡

混沌理論和80／20法則之間的共通點，是平衡的問題——更精確地說，是不平衡關係的問題。混沌理論或80／20法則都（以許多實證為根據而）主張，宇宙處於一個不平衡的狀態，世界不是線性的，因果關係很少是對等連結的。而兩者也都強調內在秩序的存在，有些力量總是強過其他力量，而且想要掌握超出它們分外的資源或能量。經由長時間追蹤不平衡現象的發展，混沌理論有助於解釋為什麼會發生不平衡，以及它如何發生。

宇宙不是一條直線

80／20法則和混沌理論一樣，是一種非線性的概念。很多事情並不重要，可以不予理會。然而總是有幾股力量具有料想不到的影響力；這幾股力量必須馬上辨認出來並加以注意。如果它們從事的是有益的活動，我們就該讓它們的數量增加；如果它們是有害的，我們則必須小心思考，如何把它們去除。

任何系統都可以做一個80／20法則的非線性測試：我們可以問，百分之二十的原因導致了百分之八十的結果嗎？百分之八十的現象，真的僅與百分之二十的原因有關嗎？這是清除非線性關係的好方法，而它更有助於引導我們辨識出那些運作中的異常力量。

反饋回路扭曲並干擾平衡

80／20法則符合混沌理論所確認的反饋回路（feedback loop）關係（也可由此反饋回路關係來解釋80／20法則）。這是說，一開始只有小影響的力量，將可能加大，產生預料外的結果；而這些可以由反推的方式來解釋。如果沒有反饋回路，現象的自然分布將會是50／50——因為某個固定頻率的投入會導致同量的結果。但由於有正負反饋回路，所以各個原因不會產生相同的結果。然而，強力的正反饋回路似乎只對少數的投入有影響。這道理可以解釋，為什麼少數的投入能發揮極大影響力。

我們可在許多地方看到正的反饋回路關係，足以解釋為何我們最後通常得到80／20而非50／50的分布。比如說，有錢人愈來愈有錢，並非只因為（或主要因為）他們擁有卓越的能力，而是因為財富可以招致財富。池塘裡的金魚也是這樣。即使金魚一開始幾乎是相同的大小，但那些略微大一些的金魚會變成比原來大很多，因為它一開始擁有比較有力的推進力和比較大而有力的嘴，這稍微的優勢，使它們能夠獲取和吞下比別的金魚更多的食物。

臨界點

臨界點（tipping point）的觀念與反饋回路的概念有關。一股新的力量，不管它是新產品、疾病、新搖滾樂團，或是一項新的社會習慣如慢跑或溜直排輪鞋等，在到達某個點之前，總是很難有所進展，很多的努力只產生一點點效果。此時，許多嘗試打先鋒的人可能會放棄。但是如果新的力量能堅持下去，並且越過某個肉眼無法看見的線，那麼一小筆額外的努力就能獲得豐碩的回報。這條肉眼無法看見的線，就是臨界點。

這個觀念來自於流行性疾病的理論。在流行病學裡，臨界點指的是「平常且穩定的現象，如初期的流行性感冒，爆發成公共衛生危機的時刻」，⑩因為被感染者也會傳染給別人。由於傳染病的行為是非線性的，而且不以我們預期的模式來運作，所以「小小的改變，如把新的感染人數從四萬下降到三萬，就能產生極大效果……端視改變在何時發生，如何發生」。⑪

先來先享受

混沌理論主張「對於初始條件的敏感依賴」（sensitive dependence on initial condition），⑫這是說，剛開始時所發生的事，即使乍看之下微不足道，都可能產生大得不成比例的結果。這一方面呼應了80／20法則，一方面也對它做了解釋。

80／20法則有一個局限，那就是它只是像快速照相，表現出某一時刻當下的真實（嚴格說來，是拍下快照後的最近的過去）。在這個局限上，混沌理論所說的「對於初始條件的敏感依賴」能提供幫助：一開始小小的領先，能變成比較大幅的領先，日後達到優勢位置；而後平衡再一次被干擾，另外一個微小的力量又開始發揮巨大的影響力。

一個公司，若在市場早期就提供比對手優良百分之十的產品，則可能得到百分之百或兩百的市場占有率，即使對手後來提供了更好的產品。如果一開始，百分之五十一的駕駛人或國家決定靠道路右邊而非左邊行駛，這便會成為幾乎百分之百的駕駛人的規範。早期的圓形時鐘，如果百分之五十一是繞著我們現在所謂的順時針方向走，而非逆時針方向，這方式就會變成約定俗成的習慣，而其實時鐘「逆時針方向」運行也是合乎邏輯的。事實上，弗羅倫斯大教堂的時鐘，在初設計時是以逆時針方向走，並顯示出二十四小時。⑬但在一四四二年之後，大教堂建好時，當權者和鐘匠已經以十二小時、順時針方向的時鐘為標準，因為那時大多數時鐘是這樣走的。然而，如果百分之五十一的時鐘和弗羅倫斯大教堂上的時鐘一樣，那麼現在我們所用的時鐘，就會是走二十四小時逆時針的方向。

這些關於初始狀況的觀察，並不能完全說明80／20法則，因為這些例子是隨時間而改變的，然而80／20法則卻是在任何時刻下對於原因的一個靜態分析。不過，兩者之間有一個重要的連結：都有助於顯示宇宙如何厭惡平衡。在前面的例子中，我們從競爭現象中看到，兩者都很自然地偏離50／50的現象。51／49的分割並不穩定，並且容易導向95／5、99／1甚至100／0的分割。保持平衡，一直到優勢出現——這是混沌理論的訊息之一。

80／20法則所要說的與混沌理論雖不同，卻相輔相成。它告訴了我們，在任何一刻，任何占多數的現象會受到少數因素或角色的影響：百分之八十的結果來自百分之二十的原因。有一些事很重要；其他大多數的事並不重要。

80／20法則區分電影好壞

80／20法則的作用，有一個非常突出的例子，就是電影。有兩位經濟學家，⑭以十八個月內上映的三百部電影為對象，研究這些電影的票房收入和放映期。他們發現，有四部電影（只占總數的百分之一．三）賺走八成的票房收入；其他兩百九十六部電影（也就是百分之九十八．七的電影），只賺了總收入的兩成。所以電影是運作中未受限制的市場的一個好例子，它幾乎遵守著80／1法則，非常清楚地證明這條失衡的法則。

箇中原因就更加有趣了。結果是，電影觀眾就跟氣體粒子一樣隨機運動。氣體粒子、乒乓球、電影觀眾，這些事物都像混沌理論發現的情形，採隨機運動，卻會產生一個可預測的失衡結果。從影評和第一批觀眾得來的口碑，會決定第二批觀眾的多寡，進而決定下一批觀眾的多寡，如此延續下去。《ＩＤ４星際終結者》、《不可能的任務》等電影能夠場場滿座，《水世界》、《十萬火急》等同樣眾星雲集、耗資不菲的電影，卻在放映期間沒多久就票房愈來愈差，最後連個觀眾都沒有。這是80／20法則發揮復仇的作用。

如何閱讀本書

我們在第二章將解釋如何運用80／20法則，並且探討80／20分析和80／20思考之間的區別，這兩者皆是衍生自80／20法則的實用方法。80／20分析是以有系統、量化的方法來分析因果。80／20思考則範圍比較寬廣，是一種比較不精確而屬於直覺式的程序，包含諸多我們的思維方式和習慣，而正是這些思維方式和習慣，使得我們設定了哪些東西是成為人生中重要事物的重要原因。80／20思考讓我們能辨認出這些原因，並藉由重新安排與運用資源，進而顯著改善問題。

第二部歸納在企業界中使用80／20法則的最有力例證。這些方法經過考驗與測試，極有價值，但很奇怪，大部分的公司並未採用。我整理出的這些內容不算是我獨創的見解，但凡是想追求大幅提升獲利的人，不管小公司或大企業，都會發現本書是極有用的入門讀物，不曾在其他書中見過。

第三部說明如何用80／20法則來提高工作水準和個人生活品質。這方面的嘗試，是把80／20法則應用在新層面。這嘗試不盡完美，但我相信它會帶來令人訝異的領悟。比如說，一個人生命中的快樂或成就，其百分之八十是發生在生命中很短的時期裡。個人價值的高峰通常會被大大延伸。一般人說時間不夠用。但是，我運用80／20法則所得出的結論恰恰相反，實際上我們是時間太多，而且浪費了時間。

第四部〈80／20的未來〉是本版新增的章節，討論網路日益普遍的情形，以及80／20法則如何隨之變得更有影響力，卻也更形極端——甚至有愈來愈往90／10和99／1靠攏，不再只是80／20分配的趨勢。除此之外，第四部也將重點放在你能如何因應，教你在網路和80／20法則主導一切的新趨勢下，怎樣更成功。

第五部〈尾聲〉將談談我收到的意見與回饋，以及自從本書第一版出版之後，我對80／20法則產生哪些新的看法。

帶來好消息

我相信，80／20法則能為大家帶來希望。當然，此法則可能只是重述了原來就很明顯的道理，證明了到處都是大量的浪費：在大自然、在商業界、在社會中，以及在我們的生活中。如果說，百分之八十的結果真的來自於百分之二十的原因，那麼，百分之八十的多數投入，也真的就只造成一點點（百分之二十）的影響。

但矛盾的是，這也許是好消息。因為如果我們不僅只是辨認出低生產力的原因並斥責之，而是把80／20法則拿來做一番新的運用，對此缺陷做些正面的事，那麼原本浪費耗損的現象，卻可能會帶來好事！若能在大自然及生活上有一番重新安排和改變，我們要成長的空間可大著呢。在大自然做改善，不接受大多數人所選擇的現狀，是科學、社會及個人進步的必經之路。英國文人蕭伯納（George Bernard Shaw）說得好：

「理性的人讓自己適應世界。不理性的人則堅持世界適應自己；因此世界的進步與否，全仰賴這些不理性的人。」⑮

80／20法則認為，只要我們能讓那些低生產力的投入，變成高生產力的投入，那麼生產可就不只是增加而已，更能達到倍增。商業競技場裡有種種80／20法則成功的驗證，藉由創造力和決心，這個價值躍進絕對是可以達到的目標。

想達到這個理想有兩條路徑。其一、**把不能生產的資源分配到能生產的部分**，此乃各個年代中所有創業家成功的祕密。想辦法物盡其用。經驗告訴我們，任何資源都有屬於它的理想競技場，一旦得其所哉，便可發揮百倍之力。

另一條有效進步之路，正是科學家、醫生、傳道者、電腦系統設計者、教育家，以及訓練人員的方法——**想辦法讓無用的資源在原位置上做有效的運用；想辦法讓羸弱的資源表現出它彷彿有生產力**，如果必要，可以用複雜的填鴨式程序，讓它模仿其他高生產力的資源。

那些只需極少的努力卻能運作良好的事物，應該挑出並加以耕耘、栽培與複製。同時，廢物，對人類無用的多數，應該要拋棄或大幅減少。

我寫這本書時，見到數以千計的80／20法則例子，而每見到一則事例，我的信心就增強一些——我更相信它能帶來大幅成長進步，也相信人類有能力去改善環境。約瑟夫·福特說過：

「上帝和整個宇宙玩骰子，但是這些骰子被動過了手腳。我們的主要目的，是去了解它被用什麼手法動了手腳，我們又該如何使用這些手法，來達到自己的目的。」⑯

80／20法則能幫助我們達成這個目標。

2 行前訓練

不平衡現象的思考與分析

80／20法則主張，在任何事物上，主要的結果通常歸因於少數的原因、投入和努力。另外一大部分的力氣，只帶來些微的影響。因與果、投入與產出或努力與報酬之間的關係，往往是不平衡的。如何理解不平衡，進而善用不平衡，使之帶來正面效用？

80／20法則提出獨特的思考方向與分析方法，讓你確認不平衡，並針對問題採取行動。

第一章說明80／20法則背後的概念。這一章要討論的是80／20法則怎麼實際運用，以及它能為你帶來哪些好處。80／20分析法和80／20思考法是80／20法則的兩種應用方式，它們能為你提供實用的哲學，幫助你了解並改善生活。

80／20法則的定義

80／20法則認為，原因和結果、投入和產出、努力和報酬之間，本來就存在著無法解釋的不平衡。一般說來，投入或努力可以分成二種不同的類型：

一、多數，它們只能造成少許影響。
二、少數，它們造成主要的、重大的影響。

一般情形下，結果、產出或報酬是由少數的原因、投入和努力所產生的。原因與結果、投入與產出，或努力與報酬之間的關係，往往是不平衡的。若以數學方式測量這個不平衡，得到的基準線是一個80／20關係：結果、產出或報酬的百分之八十，取決於百分之二十的原因、投入或努力。舉例來說，世界上大約百分之八十的資源，是由世界上百分之十五的人口所耗盡的。①世界財富的百分之八十，為百分之二十五的人所擁有。②在一個國家的健保體系中，百分之二十的人口與百分之二十的疾病，會消耗百分之八十的醫療資源。③

46頁的兩張圖顯示這個80／20模式。讓我們想像，某家公司有一百種產品，而且已經發現，最有利潤的二十種產品，所產生的利潤占了全部利潤的百分之八十。在46頁上圖，左邊的長條表示這一百種產品，每一項產品占百分之一。

46頁上圖右邊的長條，代表公司一百種產品的總利潤。現在，把某一種最有利潤的產品的利潤百分比填入右邊的長條，假設它占總利潤的百分之二十。此圖顯示出：占總產品數百分之一的一項產品，卻賺了總利潤的百分之二十（如該圖左邊的長條所示）。塗灰的區域代表以上所說的這種關係。

我們繼續計算下來幾種最有利潤的產品，算到前二十個利潤最高的產品，然後一路塗黑它們所占總利潤百分比的部分。46頁下圖代表此關係。在我們假設的例子中，這二十種產品的數目占了總數的百分之二十，卻占去總利潤（塗灰區域）的百分之八十。反過來說，白色的區域讓我們能看到這種關係的另一面：總產品的百分之八十，只占利益的百分之二十。

80／20這個數目只是基準點，真正關係的數字可能稍有高低。然而80／20法則認為，在大多數的情況中，多半比較接近80／20，而非50／50。如果在我們的例子中，所有產品的利潤都相同，那麼關係便會如47頁這張圖所示。

不過很奇怪的一點是，當進行這樣的調查時，比較常出現46頁下圖的模式而非47頁這張圖。多半是一小部分的產品產生了相當大比例的利潤。這一點很關鍵。

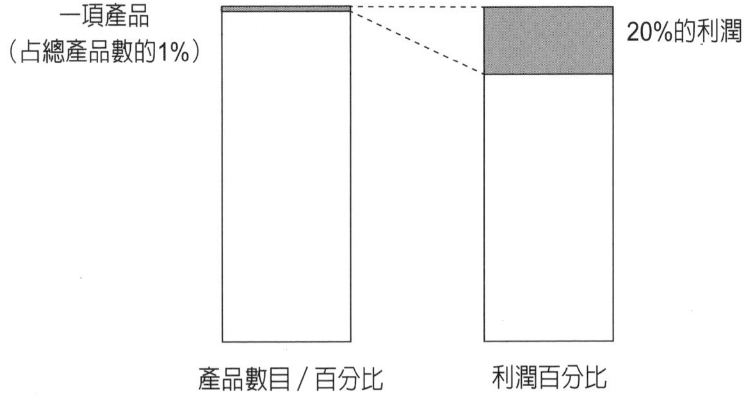

一項產品——占總產品數的1%——總利潤的20%

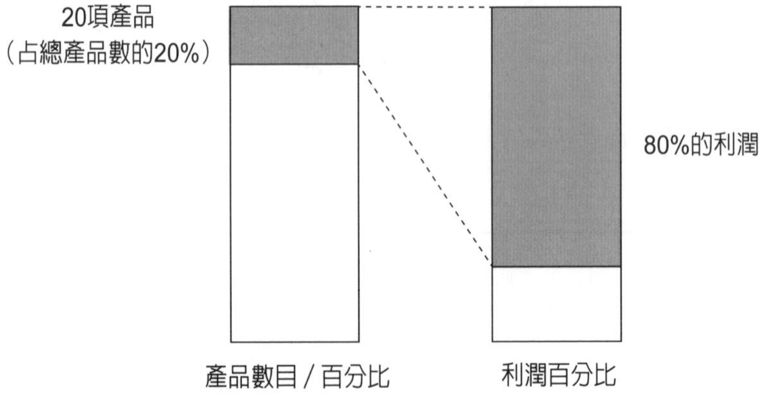

二十項產品——占總產品數的20%——總利潤的80%

典型的80／20模式

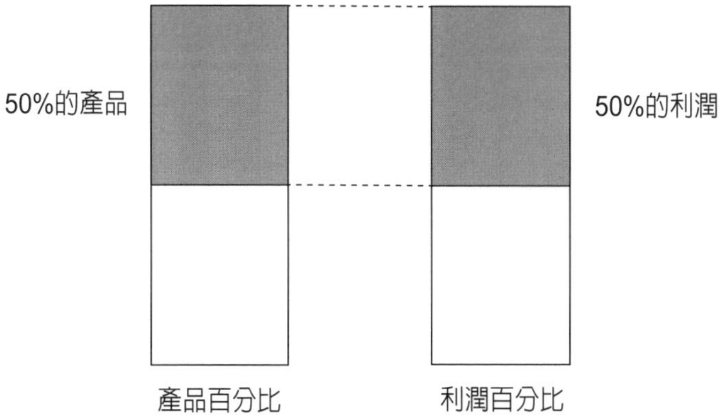

少見的50/50模式

當然，精確的關係可能不是80／20。80／20只是方便比喻，同時有利於假設，但它並不是唯一的模式。有時候，百分之八十的利潤來自於百分之三十的產品；有時候來自於百分之十五的產品，或甚至只是百分之十的產品。數目總和不一定是一百，但這些數字比例看起來通常是不平衡的。

也許，八十加上二十等於一百這回事兒很不巧——因為這讓結果的數字看起來好看（如70／30，50／50，99／1），而且好記，但這讓許多人認為我們只是在處理一組總數是百分之百的資料。事情不是這樣。如果百分之八十的人慣用右手，而這百分之二十的人是左撇子，這並不是用80／20原則所得到的觀察。你必須有兩組資料才能應用80／20法則，兩組資料的總數各是百分之百，而其中一組所測量的值，是一個由人或事所擁有、呈現或導致的變數。

80／20法則能做什麼？

就我所知，凡是認真看待80／20法則的人，都會從中得到有用的認識，有時甚至因而改變生命。你必須發展出一套自己的使用方法：只要你用有創意的角度來觀察，這法則永遠都在。本書第三部將會帶領你發展自己的方式，在此我先提供我的親身經歷來說明。

它如何幫助我

我剛進牛津大學時，我的家庭教師告訴我千萬不要去上課。他說：「書可以讀得更快，千萬不要把一本書從頭到尾讀完，除非你是為了享受讀書本身的樂趣。你讀書的時候，應找出一本書的精髓，這可比從頭讀到尾快多了。讀一讀結論，再讀一遍引言，然後再讀一次結論，接著蜻蜓點水讀一下有趣的片段。」他真正的意思是說，一本書百分之八十的價值，能在所有頁數的百分之二十內吸收，而且以看完整本書時間的百分之二十完成。

我很喜歡這種學習方法，也一直沿用它。牛津並沒有一個連續的評分系統，在校成績的高低，完全憑課程結束後的期末考決定。我發現，若分析了過去試卷的「考古題」，把這百分之二十或甚至更少的課程相關知識準備好，就可以將起碼百分之八十（有時候甚至是百分之百）的測驗內容答得很好。因此，專精於一小部分內容的學生，可以讓主考的人留下較深刻的印象，什麼都知道卻不專精的學生則不然。這項心得讓我能非常有效率地念書。不知何故，我並沒有非常努力念書，不過成績卻很好。過去我以為，這證明了牛津的老師容易騙。但現在我想，他們或許教了我們世界如何運作吧。

後來我到殼牌（Shell）石油公司工作，在可怕的煉油廠內服務。事後回想，這可能對我的靈魂有益，但我那時很快意識到，像我這種年輕又無經驗的人，最好的工作可能是顧問業。所以我去了費城，而且輕鬆取得華頓（Wharton）企業管理碩士（因為我瞧不起哈佛集中營式的教育）。然後我加入一家頂尖的美國顧問公司，上班的第一天，我領的薪水就是在殼牌石油時所領的四倍。在我這年齡層的小夥子中，百分之八十的收入集中在百分之二十的工作上。然而顧問公司裡有太多比我聰明的同事，所以我就轉移陣地，到其他較小的美國顧問公司。比起前一家公司，這家公司的成長更快，而真正聰明的人員卻少了很多。

跟對人，比做什麼工作重要

我在這裡偶然發現許多80／20法則式的矛盾。顧問公司業百分之八十的成長（那時候的成長快得不像話），幾乎全來自員工中只有不到百分之二十是專業人員的公司，而百分之八十的快速升職機會也只在少數的公司才有。相信我，有沒有才能根本沒關係。當我離開了第一家顧問公司，跳槽到第二家的時候，兩家公司人員的平均智能都提升了。

然而，很奇怪，我的新同事比前家公司的同事更有效率。為什麼會這樣呢？新同事並沒有比較賣力工作，但他們在兩個大方向遵守80／20法則。首先，他們明白，百分之八十的利潤來自於百分之二十的客戶，這對大部分的公司來說都能成立。在顧問業這便意味著兩件事：大客戶與長期客戶。大客戶所給的任務大，這表示你有更多機會可以運用成本低且較年輕的顧問人員。而與長期客戶的關係造就了信賴，因為他們若更換另外一家顧問公司，會增加成本。長期客戶通常較不在意價錢的問題。

對大部分的顧問公司而言，爭取新客戶是重點活動。但在我的新公司裡，盡可能與現有的大客戶維持長久關係的人，才是英雄。而他們的方法是與客戶公司的高階主管培養關係。

顧問公司的第二個心得是，對於任何一個客戶來說，百分之八十的結果，來自於最重要的百分之二十課題，而這些可能不是新鮮顧問人眼中有趣的的東西。但是，我們的競爭對手在面對客戶時，大略看了所有問題，然後提出建議，讓客戶依建議自己去做；我們則專注於客戶最重要的問題，一直到找出癥結，然後要求客戶針對問題採取行動。結果，客戶的獲利往往上升，而我們的報酬也就多了。

你在幫人致富或使人變窮？

不久後我確信，對於顧問和他們的客戶而言，努力和報酬之間沒啥關係，如果有關係，充其量只有微薄的連結。人能適得其所，比他聰明又努力來得重要。人應該要夠聰明又看重結果，而非一味努力就好。依照一些重大的見解來行事，將會有所生產；憑著生性聰明和做事努力，無法有相同效果。可嘆我許多年來因罪惡感和同儕壓力之故，從未徹底運用這個道理。我太拚命工作了。

當時，顧問公司有好幾百個正式人員，公司合夥人約有三十位，包括我自己在內。但公司百分之八十的利潤流向一個人，那就是公司創立者。即使在人數上，他占合夥人總數的不到百分之四，全公司人員的不到百分之一。

我和兩位其他年輕的合夥人決定，我們不再繼續讓創立者更有錢，而開設了自己的公司，用同樣的道理來賺錢。我們的公司漸漸成長，擁有了上百的顧問人員。不久，我們三個儘管實在為自己公司做了不到百分之二十的努力，卻享受了超過百分之八十的利潤。這也引起了我的罪惡感。六年後我辭職，把我的股份賣給其他合夥人。由於此時公司每年的收入與利潤都以倍數成長，所以我的股份賣了一個好價錢。但過沒多久，顧問業碰上了九〇年代的經濟不景氣——在本書後面我會勸你不要有罪惡感，此時我卻因為有了罪惡感而逃過一劫。即使遵守80／20原則的人也需要一點兒運氣，而我所享受的卻一直遠超過我所應得的。

隨投資而來的財富

我用收入的百分之二十，投資了一大筆錢在一家名為飛來發（Filofax）的公司上。我的投資顧問為此大感震驚。當時，我擁有大約二十家上市公司的股票，飛來發只是我所持有股票的百分之五，但它大約等於我投資組合總額的百分之八十。還好，它不斷成長，股票三年來的價值倍增了幾次。一九九五年，我賣了一些股份，所得利潤幾乎是我第一次購入時的十八倍。

其後，我做了另外兩項大投資，一是剛成立的貝爾戈（Belgo）連鎖餐廳，另一個是ＭＳＩ，這是一家旗下還沒有旅館的旅館公司（後來當然擁有不少旅館）。這三項投資大約占我總財產的百分之二十。但是它們產生的好處超過我後來投資所得的百分之八十。

你在第十四章會讀到，從長期的投資組合所得到的財富中，百分之八十的財富來自百分之二十的投資。選擇這百分之二十的投資是非常重要的決定，選定之後，就要盡可能多關注它們。傳統的智慧教你，不要把所有的雞蛋放在同一個籃子裡，可是80／20的智慧卻要你小心一個籃子，將你所有的蛋放進去，然後像隻老鷹一樣盯緊它看。

如何運用80／20法則

方法有兩種，如左圖所示。傳統情況下，運用80／20法則，需要先以80／20分析法做分析，這是一種以量化方式對原因、投入、努力，以及結果、產出、報酬等建構出一個精確關係的方法。80／20分析法先假設有80／20關係存在，然後蒐集事實，而後顯示真正的關係。這是一項實證程序，可能導出各種結果，自50／50至99.9／0.1都可能。如果在投入和產出之間，確實有一種不平衡的關係，這才會採取行動（詳見下述）。

另一種新的運用80／20法則的方法，我稱為80／20思考法。這方法是要你深入思考你視為重要的題目，而且要你判斷，80／20法則是否在此領域有效。然後你就能依自己的判斷而採取行動。80／20思考法不要求你蒐集資料，也不必真的去測試你的假設能否成立。因此，80／20思考

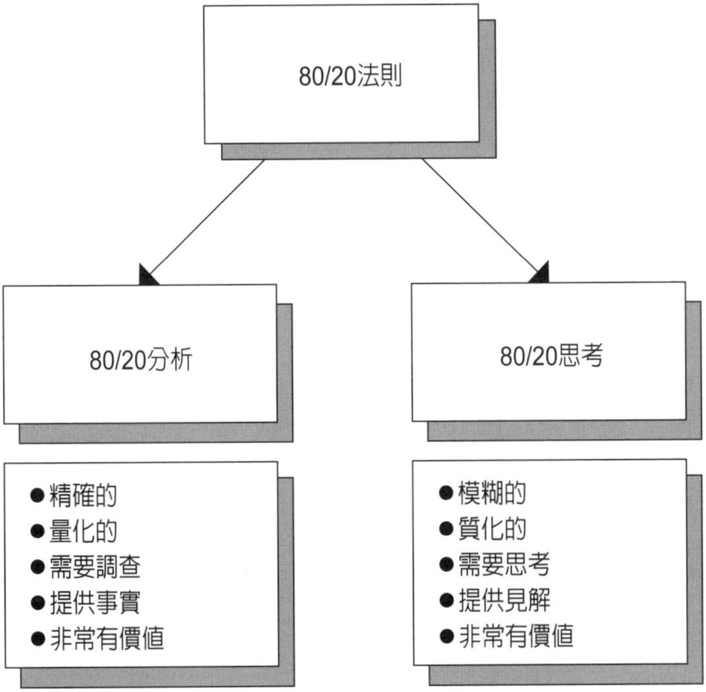

運用80/20法則的兩種方法

法有時候可能會產生誤導——比方說，假設你辨認出一種關係了，便以為自己已經知道這主要的百分之二十是什麼，這樣是相當危險的。但我要說，傳統的思考法更容易誤導你。80／20思考比80／20分析好用，而且速度更快，不過，在你對估計有疑慮時，80／20分析比較派得上用場。我們先看80／20分析法，接著再檢視80／20思考法。

80／20分析法

80／20分析法可以檢視兩組資料間的關係。其中一組資料是一群人或物，可以轉成百分比的數目，大都達一百或超過一百。另一組資料與一些人或物的特色有關，這些人或物皆可測量，並能轉成百分比。比如說，我們可以看看一百位多多少少都能喝一些酒的朋友，比較一下每個人上星期各喝了多少啤酒。

到現在為止，我所敘述的分析法都還是許多統計問題通用的技術。而80／20分析法有個獨特的地方；它依重要程度來排列第二組資料，並比較兩組資料的百分比。以前面提到的例子來說，我們會問這一百位朋友，他們上個星期喝了多少啤酒，並將資料以次序高低排入表中。左頁的表說的就是這個例子，表示出飲酒量前二十名及後二十名的朋友。

80／20分析法可以比較兩組資料的百分比。在這個例子中，我們可以說，百分之七十的啤酒，被百分之二十的朋友喝掉。因此，這給了我們一個70／20的關係。第57頁的圖是這個例子的

最前20名啤酒飲用者

順序	名字	杯數	累計杯數
1	Charles H	45	45
2	Richard J	43	88
3*	George K	42	130
3*	Fred P	42	172
5	Arthur M	41	213
6	Steve B	40	253
7	Peter T	39	292
8	Reg C	37	329
9*	George B	36	365
9*	Bomber J	36	401
9*	Fatty M	36	437
12	Marian C	33	470
13	Stewart M	32	502
14	Cheryl W	31	533
15*	Kevin C	30	563
15*	Nick B	30	593
15*	Ricky M	30	623
15*	Nigel H	30	653
19	Greg H	26	679
20	Carol K	21	700

最後20名啤酒飲用者

順序	名字	杯數	累計杯數
81*	Rupert E	3	973
81*	Patrick W	3	976
81*	Anne B	3	979
81*	Jamie R	3	982
85*	Stephanie F	2	984
85*	Carli S	2	986
87*	Roberta F	1	987
87*	Pat B	1	988
87*	James P	1	989
87*	Charles W	1	990
87*	Jon T	1	991
87*	Edward W	1	992
87*	Margo L	1	993
87*	Rosabeth M	1	994
87*	Shirley W	1	995
87*	Greg P	1	996
87*	Gilly C	1	997
87*	Francis H	1	998
87*	David C	1	999
87*	Darleen B	1	1000

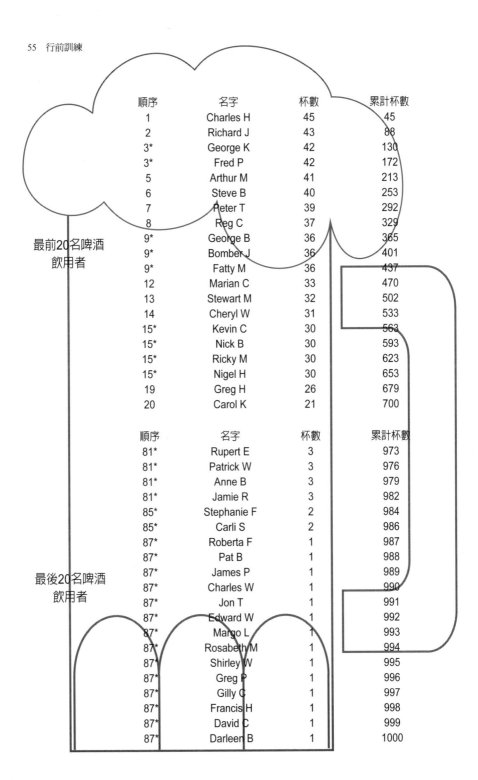

80／20頻率分布曲線圖（簡稱80／20圖）。

為什麼叫80／20分析？

很久以來（也許自五〇年代起），比較這些關係後最常得到的發現是：百分之八十的數量來自於百分之二十的人或物的總和。80／20成了這種不平衡關係的簡稱，不管結果是不是恰好80／20。而就統計來說，精確的80／20關係不太可能出現。習慣裡，80／20討論的是頂端百分之二十而非底部的百分之二十。現今所採用的80／20法則，也就是我稱作80／20分析的方法，是一種量化的實證法，用以計量投入和產出之間可能存在的關係。

我們可以從啤酒朋友的那些資料觀察到，最後百分之二十的人，只喝掉三十杯啤酒，是總消耗量的百分之三。稱這為3／20關係絕對合理，但很少人這麼說。因為我們強調的幾乎總是那些用量多的人或原因。如果啤酒製造商正在促銷，或尋找自己品牌的消費者，去看前面的百分之二十準沒錯。

我們也可能想知道，我們朋友的百分之多少造成百分之八十的啤酒總消費量。在本例中，第二十八名的邁克．G喝了十杯（他不在前頁的前、後二十名表裡），從頭算起到邁克的累計總量是八百杯。因此，我們可以說這是80／28的關係：百分之八十的啤酒飲用總量，是百分之二十八的人喝的。

從這個例子應該很清楚見到，80／20分析法可以找出各種答案。當然，個別的發現比較有

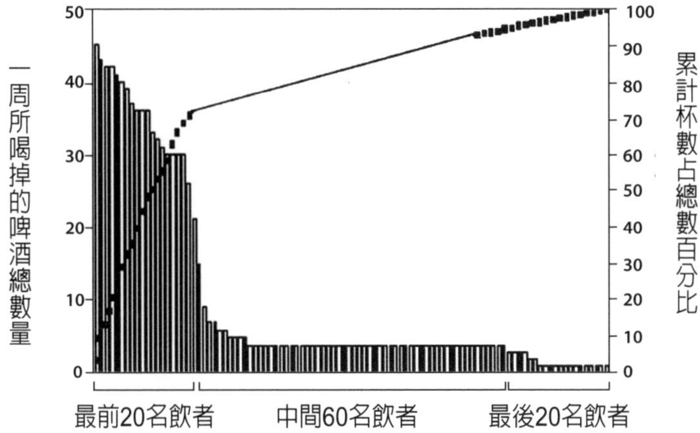

啤酒飲用者80/20頻率分布圖

趣，而且在出現不平衡的問題上較有幫助。就上例而言，如果我們發現每個人都喝了八杯啤酒，啤酒製造商在促銷或研究上就會對我們的團體不感興趣。我們看到的會是20／20的關係（百分之二十的啤酒由前百分之二十的飲者喝掉）。或是80／80的關係（百分之八十的啤酒由前百分之八十的人喝掉）。

長條圖最能表示80／20關係

以兩條長形的圖最能顯示80／20分析的結果。我們的例子正是如此，本章前幾頁的圖均是長條圖。59頁上圖裡左邊的長條，表示一百位喝啤酒的朋友，每一人是百分之一，飲用量最多的人在頂端，飲用量最少的人在底部。右邊長條表示飲用者（及全部飲用者）所喝掉的總量。在長條圖的任何一個位置，我們都能看到朋友人數的百分比與他們所喝啤酒的百分比。

59頁上圖顯示出第55頁那張表的發現：前百分之二十的飲酒者，喝下百分之七十的總啤酒量。本圖的資料由第57頁的圖而得，以由上而下的方式來顯示資料。你喜歡哪一種都好。

如果要說明，百分之多少的朋友喝了啤酒的百分之八十，我們會以不同的長條圖顯出80／28關係，如59頁下圖：百分之二十八的朋友喝掉了啤酒的百分之八十。

80／20分析的用處

一般而言，80／20分析法的**第一種用處在於改變它所描述的關係，或改善它！第一個用處是讓人注意到造成該關係的關鍵原因，也就是認出，哪些是導致百分之八十（或其他數字）產出的百分之二十投入**。假如前百分之二十喝啤酒的人喝掉了百分之七十的啤酒，那麼這部分的人應該是啤酒製造商應該注意的對象，盡可能爭取到這百分之二十的人來買，最好能進一步增加他們的啤酒消費。啤酒製造商鑑於實際理由，可能會決定要忽視其餘百分之八十喝啤酒的人，因為他們的消費量只占百分之三十；這樣讓事情好辦一些。

同樣的，當一家公司發現，自己百分之八十的利潤來自百分之二十的顧客，就該努力讓那百分之二十的顧客樂意擴展與他們的合作。這樣做，不但比把注意力平均分散於所有的顧客更容易，也更值得。再者，如果公司發現，百分之八十的利潤來自百分之二十的產品，那麼這家公司應該盡全力來銷售高利潤的產品。

相同的概念也適用於非商業用途。如果你分析自己所有的休閒活動之後，發現百分之八十的

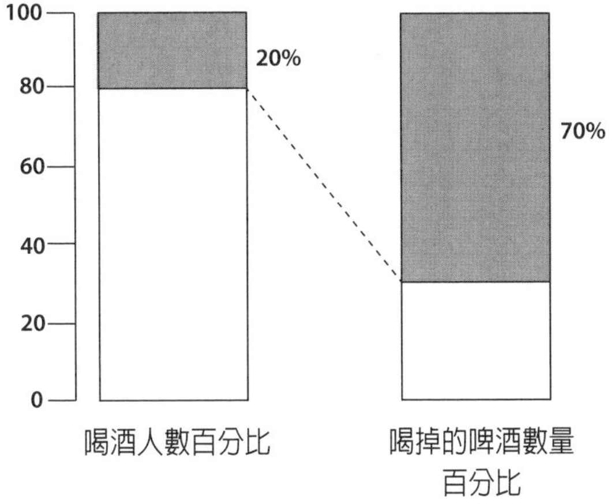

70/20規則

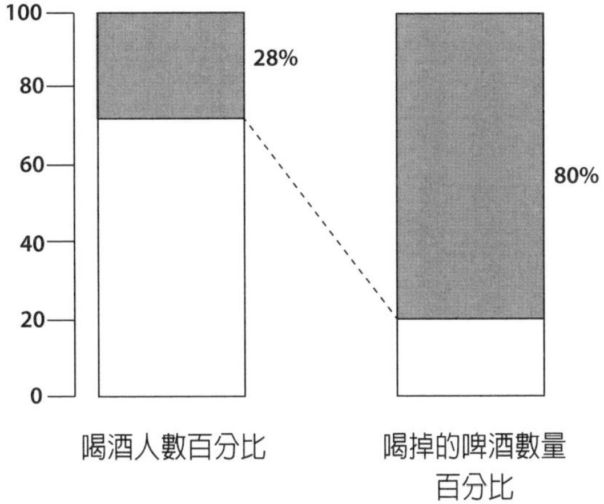

80/28規則

樂趣來自百分之二十的活動，而這些活動只占你百分之二十的休閒時間，那麼你應調整這些活動的時間，調到起碼占百分之八十的休閒時間。

再舉別的例子來說，百分之八十的交通壅塞發生在百分之二十的路段上：如果你每一天都要經過相同的路線去工作，你就會明白，大約百分之八十的交通壅塞通常發生在百分之二十的路口。交通當局合理的反應，應該是特別注意那最會造成路口阻塞的百分之二十交通狀況。也許，比起把全部時間分配給全部的交通狀況，這樣做確實是在個別狀況上花了比較多時間，但是把一天裡百分之二十的時間花在百分之二十的關鍵地點，是絕對值得的。

80／20分析法第二個主要的用處，是**改善那「表現不佳」、只有百分之二十產出的百分之八十投入**。也許，偶爾喝啤酒的人能被說服而多喝些，比如可提供他們口味清淡爽口的產品。也許，可藉由改善那些「較無樂趣」的休閒活動而獲取更大快樂。在教育方面，傳統的教學方法裡，教授上課時隨機問任何學生問題，這使得百分之八十的反應往往只來自百分之二十的學生；現在則採互動的教學系統以改進此80／20現象。在美國購物中心裡，約占百分之五十人口數的女性，卻是百分之七十的購買力，④想要增加男性只占百分之三十的購買力，方法是設立特別為男性設計的商店。

80／20分析法的這種應用，有時非常有效，而且在改良表現不佳的工廠生產力上極見效果。但一般而言，這種方法比較辛苦，收穫也小於前述的第一種用處。

應用時別以線性思考

在討論如何應用80／20分析法時，我們也必須說，一如任何一種簡單有效的工具，80／20分析法有時也會被誤解或誤用，或被用來作奸犯科。**如果應用不當，並且是以線性思考方式進行，80／20分析法也可以誤導無辜的人。**所以你必須時時小心，不要落入錯誤的邏輯。

讓我用自己的新工作，也就是賣書這件事來說明這一點。顯而易見的，大約百分之二十的書籍占書籍銷售總量的百分之八十。對於熟知80／20法則的人來說，這沒什麼好驚訝的。乍看之下，我們以為可以直接說：書店應該精簡進貨範圍，或說他們應該專注於販賣「暢銷書」。然而有趣的是，大多數真的精簡了進貨範圍、專注於販賣「暢銷書」的書店，獲利不僅沒有提升，反而下降。

但這並不牴觸80／20法則。因為兩個理由：一、重點不在於所售書籍的種類，而在於顧客想要什麼。如果顧客不怕麻煩而進了書店，他們就會去找自己想要的書，這和去報攤或超級市場不同，因為買書的人不期望報攤或超市能有各式書種。書店應該專注於帶給他們百分之八十利潤的百分之二十顧客，並配合他們的需要。

二、當不考慮顧客而考量書時，問題並不在於銷售量的分布（因為百分之二十的書占了百分之八十的銷售量），而在於利潤的分布（因為百分之二十的書帶來百分之八十的利潤）。出乎意料之外的，通常這百分之二十的書並不是名作家所寫的暢銷書。事實上，美國的研究顯示，暢銷書大約只占總銷售的百分之五。⑤真正暢銷的書，通常從未進入暢銷書排行榜，但一年的總銷售量相當高。這一份美國研究也指出：「長銷型的書是核心。它們是80／20法則裡的八十，是某項目中的主要銷售量。」

這個例子相當有用；它一點也不牴觸80／20分析法，因為主要的問題應該是問，「哪些顧客和產品帶來百分之八十的利潤」。但是它顯示出，不考慮清楚而使用80／20分析，是非常危險的。使用80／20法則要看情況，而且要常做逆向思考。別被那些人人都關注的變數引到錯誤的方向——在本例中，這是指最近的暢銷書書目；這是直線式的思考。

80／20分析最寶貴的看法，總是從檢視**非線性的關係**而得到，而這是別人疏忽的地方。此外，80／20分析法看的是某個時間點的某一情形，而未考慮因時間而造成的改變，所以如果你不小心鎖定了錯誤或不完整的時間點，將會得到錯誤的結論。

為什麼必須運用80／20思考

80／20分析法極為有用，但大部分的人並非天生就是分析師，而就算是分析家，也不可能每次要做一個決定就去分析資料——這必然會把生活弄得一團糟。大部分的重要決策都不是以分析方法決定的——無論電腦變得多聰明。因此，如果我們需要用80／20法則做為日常生活的導師，我們需要的不是分析，而是立即可用的方法。所以我們需要80／20思考法。

我所說的80／20思考法，是將80／20法則用於日常生活的非量化應用。80／20思考法和80／20分析法一樣，我們一開始先假設，在投入和產出之間有一個不平衡的關係。但是，我們不需蒐集資料來分析這關係，而是大略估計它。80／20思考法要我們找出真正重要的少數事物，同時忽視不重要的事物。這可經由練習而做到。80／20思考法要我們見樹又見林。

使用80／20思考法時，不能因資料完整、分析完善就被限制住。從數字產生若干見解，必定也有來自直覺和印象的見解。這就是為什麼，就算80／20思考法有資料為輔，我們也絕不能被它限制。

為了使用80／20思考法，我們必須經常問自己：「是什麼因素讓百分之二十的原因產生百分之八十的結果？」我們絕不能以為自己已經知道答案。而必須要花點時間，去做有創意的思考。什麼是少數的重要因素，什麼又是無關緊要的多數呢？背景的噪音，是不是掩住了什麼動聽的旋律？

運用80／20思考法後，得到的結果也是：想要有效改變行為，就得關注最重要的百分之二十因素。當結果倍增時，你就知道是80／20思考法發揮效用了。80／20思考法讓我們不只事半功倍。

運用80／20法則時，請不要假設結果的好壞，或者一意認為，我們所觀察到的某強大力量必然是好的。我們從自己的觀點來決定它們是否有用，然後判斷，究竟是要推動某些有力的少數朝正確方向前進，或者應想法子阻斷它們作用。

顛覆傳統智慧

應用80／20法則，意味著要遵守下列各事項：

- 獎勵特殊表現，而非讚美全面的平均努力。
- 尋求捷徑，而非全程參與。
- 練習用最少的努力去控制生活。
- 選擇性尋找，而非巨細靡遺觀察。
- 在幾件事情上追求卓越，不必事事都有好表現。
- 在日常生活中，找人來負責一些事務，而且不是為了節稅（我們可以運用園藝師、汽車工人、裝潢師和其他專業人士來發揮最大效益，不需事必躬親）。
- 小心選擇事業和雇主，如果可能，就自己當老闆。
- 只做我們最能勝任，且最能從中得到樂趣的事。
- 往生活的深層去探索，找出有無可笑或怪異的事物。
- 在各個重要的面向，找出哪些關鍵的百分之二十能達到百分之八十的好處。
- 平靜，少做一些，鎖定少數能以80／20法則完成的目標，不必汲汲追求所有機會。
- 當我們處於創造力顛峰，幸運女神眷顧的時候，務必善用這少有的「幸運時刻」。

80／20法則無遠弗屆

沒有任何一種活動不受80／20法則的影響。大部分使用80／20法則的人，都像預言故事裡的盲人摸象，只知其局部的力量與運用範圍。若想成為80／20的思想家，你需要積極參與，並加上創造力。如果你想從80／20思考法獲得好處，你必須善用它！

現在正是開始的好機會。如果你想從你的工作組織下手，就直接從第二部做起，第二部會說明80／20法則在企業應用上最重要的原則。如果你想知道80／20法則如何使生活立即大幅改善，請閱讀第三部，它將說明80／20法則和日常生活的關聯。

第二部

企業的80／20成功法則

3 早就不是祕密

從戴明與朱蘭談起

朱蘭和戴明都逐漸採用了80／20這稱呼。他們鼓勵大家，對於引起大部分產品問題的一小部分瑕疵，要做仔細判斷。一旦辨認出那「關鍵少數」的瑕疵來源，便要全力處理，而不必一次處理全部問題。品管運動從一開始的強調品質「控制」，進步到認為產品本身就必須有品質，再到全品質的管理，以及更為精密細膩的軟體運用。這一路走來，80／20的技術已成長許多，今日幾乎所有品管學者都熟悉80／20法則。

「我們如今彷彿對著鏡子觀看，模糊不清；到那時就要面對面了。我如今所知道的有限，到那時就全知道。」

《哥林多前書》第十三章第十二節

企業界到底知道80／20法則多少，我們很難調查。本書可說是第一本以80／20法則為主題的書籍，不過我在做研究時，一下子就找到幾百篇相關文章，談80／20法則在全球各產業中的運用。許多成功的公司和個人遵循80／20法則行事，大部分的企管碩士也都聽過這法則。80／20法則影響了許多人的生活，而大家居然還不認識它！現在該是讓大家見識80／20法則威力的時候了。

第一波：品質革命

在一九五〇年到九〇年間發生的品質革命，提升了生活消費品和其他產品的品質與價值。品質革命是一場應用了統計和行為技術，欲以較低成本來生產較高品質的改革運動。它的目的，是做到產品零缺點，而現在許多產品幾乎已達到此目標。自一九五〇年後，品管運動可說是全世界高生活水準的最重要動力。

品質革命的沿革很有趣。它的兩大救星是朱蘭與戴明（W. Edwards Deming, 1900-1993），這兩位都是美國人（但朱蘭在羅馬尼亞出生），分別是電子工程師和統計學家。在第二次世界大戰之後，他倆各自發展自己的想法，但得不到任何美國公司青睞。朱蘭在一九五一年出版了他第一版的《品管手冊》，這是品管運動的聖經，但是反應平平。唯一感興趣的是日本，因此朱蘭和戴明兩人在一九五〇年代初期就移居日本。他們披荊斬棘的努力，使當時的日本從只能產出劣等產品，轉變成擁有高品質和高生產力的國家。

直到日本產品如摩托車和影印機等打入美國市場之後，大部分的美國（和其他西方國家）公司才開始嚴肅看待品管運動。從一九七〇年起，朱蘭、戴明和他們的弟子開始轉化西方的品質標準，使品質水準獲得極大進步，大量減少產品的缺點，並大量降低製造成本，結果同樣成功。一九八〇年之後尤然。

80／20法則是品管運動的一大關鍵，朱蘭則是個中最狂熱宣揚80／20法則的人，不過他稱80／20法則為「帕列托法則」或「關鍵少數規則」。在《品管手冊》的初版中，朱蘭認為，「退貨」（因品質不良而遭退回的產品）並非起因於一大堆的因素：

「其實，退貨損失總是分布不均；很高比例的品質損失是由一小部分的產品缺失造成的。」

他在注釋中提到：

「經濟學者帕列托發現，財富分配也是不均的，這在其他許多例證中也可找到：犯罪行為在罪犯身上的分布，意外事件在危險過程中的分布等等。帕列托的不均等分配法則，也能解釋財富分配與品質不良的分布。」①

朱蘭把80／20法則拿來應用在統計式的品質控制上，方法是辨識出造成品質未達水準的問題點，並把各因素依重要性由高往低排——最重要的是導致百分之八十品質問題的百分之二十瑕疵。

朱蘭和戴明都逐漸採用了80／20這稱呼，他們鼓勵大家，對於引起大部分產品問題的這一小部分瑕疵，要做仔細判斷。一旦辨認出那「關鍵少數」的瑕疵來源，便要全力處理，而不必一次處理全部問題。

品管運動從一開始的強調品質「控制」，進步到認為產品本身就必須有品質，再到全品質的管理，以及更為精密細膩的軟體運用，這一路走來，80／20的技術已成長許多，今日幾乎所有品管學者都熟悉80／20法則。

最近有些文獻描述了今日運用80／20法則的方式。在《國家生產力》（*National Productivity Review*）期刊的一篇文章中，雷卡多（Ronald J Recardo）問道：

「是哪一項不利因素阻隔了你的主要消費者？這裡，就和其他許多品質問題一樣，帕列托法則也適用：如果你彌補了決定性的百分之二十品管缺失，你就得到百分之八十的利益了。這百分之八十，一般說來，是來自你突破性的改進。」②

另一位專門討論組織轉變的作者提到：

「對於你企業過程裡的每個步驟，請捫心自問，該步驟是否有價值，是否提供了必要的支持。如果既無價值又無支持作用，它就是無用的，請刪除它。（這就是）80／20法則。重述一次：完全除去這類無用步驟的開支若是百分之百，則你只要花百分之二十，就可以去掉百分之八十的無用步驟。現在馬上著手改善吧。」③

福特電子公司（Ford Electronics Manufacturing Corporation）因運用了80／20法則於品管上，而贏得辛戈獎（Shingo）：

「零庫存（just-in-time）過程中使用了80／20法則（百分之八十的價值分布在百分之二十的數量中）。而且花費最高的部分最常拿來分析。藉由依產品線做製造周期的分析，取代了以人力和間接績效做分析，減少了百分之九十五的製造時間。」④

現在，整合了80／20法則的新軟體，可用來提升品質：

「（用ABC DataAnalyzer）把資料讀出或置入試算表，然後你可以在下列六種圖表類型擇一使用：長條圖、控制圖、流程圖、分布圖、圓餅圖，以及帕列托圖。帕列托圖納入了80／20規則，並可將之顯示出來。舉例來說，只要修正百分之二十的原因，則一千個顧客當中的八百個不會再抱怨。」⑤

80／20法則也逐漸運用到產品設計和研發上。比如說，在一篇評論美國國防部全品質管理的文章中，有如下的說法：

「研究過程所做的決策，已經確定了周期中大部分的花費。80／20法則可以描述其結果，因為百分之八十的經費通常都用在研發時間的百分之二十。」⑥

品質革命對於顧客的滿意度和價值感，對於個別公司的競爭地位，甚至對於國家的影響，鮮少受到注意，但其實是非常巨大的。對品質革命來說，80／20法則是一般「關鍵少數」的力量，但80／20法則的影響力不止於此。品質革命與繼之而起的另一波革命，兩者一同造就了今日的全球消費社會；在這第二次的革命中，80／20法則也是主角。

第二波：資訊革命

在一九六〇年代初所產生的資訊革命，改變了企業中大部分的工作習慣和效率。它的功用不止於此：它有助於改變企業的體質，而企業是今日社會的主力。80／20法則是資訊革命的關鍵力量；過去是，現在是，未來依然是。

也許是因為離品質革命的時期很近，所以，資訊革命中的電腦和軟體專業人一般都熟悉80／20法則。從許多提到80／20法則的電腦和軟體相關文章來看，大部分的硬體和軟體開發者了解此法則，並且在日常工作裡使用它。

資訊革命使用了80／20法則中的「選擇」和「單純」兩個概念，這部分非常有效。有兩位資訊業的專案主管如此表示：

「不要考慮太多。別第一天就計畫到九重天去，因為投資的報酬方式往往會遵守80／20規則，百分之八十的好處，會在整個系統最簡單的百分之二十中產生，最後百分之二十的好處，則來自系統中最複雜的百分之八十。」⑦

蘋果在發展牛頓掌上型電腦時，就運用了80／20法則：

「設計牛頓掌上型電腦的工程師，只是運用了稍微修正過的80／20法則。他們發現，一個人百分之〇．一的詞彙量，便足以完成掌上型電腦百分之五十的功能。」⑧

漸漸的，換成是軟體業在運用80／20法則。一九九四年發明RISC就是一例：

「RISC是以80／20法則的某種變化為基礎。這條法則假定，大部分的軟體花了百分之八十的時間執行百分之二十的程式。RISC處理器藉由刪除較無用的百分之八十，來讓那百分之二十達到最佳表現，並保持在一個晶片內，藉此省下成本。RISC為軟體所做的貢獻，相當於CISC（從前的主要系統）在硬體上的貢獻。」⑨

使用軟體的人知道，即使它有驚人的高效率，使用情況也依循80／20模式。一位開發者說：

「企業界長期以來便遵守80／20法則。軟體界更是如此，百分之八十的產品只施展出它百分之二十的能力。這意思是說，大部分的人花錢買到不需要的部分。軟體開發者似乎終於了解了這一點，而許多開發者認為，模組應用可以解決問題。」[10]

軟體的設計是重大關鍵，要讓最常用的功能是最容易使用的部分。同樣的方式也應用於新資料庫維修上。一篇登在《今日資訊》（*Information Today*）的文章中說：

「軟體開發人員是怎麼做的？首先，他們辨識出顧客大部分時間裡最想要的是什麼，並找出他們希望如何做到——這還是80／20法則（一般人使用電腦時，百分之八十的時間裡，用到的是軟體的百分之二十功能）。好的軟體開發師應該盡可能讓最常用的功能既簡單又自動，同時必定出現。

「若把這樣的操作方式轉成資料庫的服務方式，就表示該全心關注主顧客的使用情況……有多少次顧客打電話來，尋求搜尋服務，詢問哪一個檔案需要歸位，或問要到哪裡找檔案？好的設計可以剔除像這一類的詢問。」[11]

無論你要的是哪一種轉變，有效的資訊處理，都該把重心集中在百分之二十或更少的主要需求上。

資訊革命漫漫長路

資訊革命是企業界所知最有顛覆性的力量，它把資訊權力給予了一般人，使得第一線的員工和技術人員擁有資訊和權力，瓦解了中間經理人的權力，通常也毀掉了他們的工作。過去，中間經理人因擁有專業知識，所以是受到保護的。資訊革命也使得公司權力分散：電話、傳真、個人電腦、數據機等用具，加上這些技術的逐漸小型及其易攜帶或移動的性質，使得企業及企業大員宛如殿堂的地位漸漸崩解。

終極而言，資訊革命幫著摧毀了經營管理階層，使得企業裡的實際工作者更能直接為主顧客創造更高的價值。⑫自動化的資訊價值以幾何方式增加，我們根本來不及使用。所以不管是現在或未來，運用資訊之威力的關鍵，在於選擇，在於應用80／20法則。

管理學大師彼得．杜拉克（Peter Drucker）指出：

「資料庫的量不管多大，都不算是資訊，它只是資訊的原礦……如果說一家企業最仰賴的資訊是拿得出來的，也只是以原始而尚未組織的形式呈現。對一個企業來說，做決定時——特別是決策性的決定時——最需要知道的是外界的現況如何。在外面才有結果、機會和威脅。」⑬

杜拉克認為，我們需要用新的方式來衡量財富的創造。高敦（Ian Godden）和我在我們合著的書中，稱這些新方法為「自動測量表現」；⑭此法剛剛開始在一些公司裡萌芽。但是，造就資訊革命的資源中，有遠超過百分之八十（甚至是百分之九十九）的部分，仍用來計算我們過去計算的東西，只不過算得比較好，卻沒有用來創造真正能為公司賺錢的方法。資訊革命建立起不一樣的企業，若能使用這力氣的一點點，便可有驚人的結果。

仍然是企業界最不為人知的祕密

80／20法則這麼重要，而經理階層的人只知道這麼一些些，顯然它非常不受重視。光是80／20這個術語本身，也得花時間才能理解，而且似乎無甚進展。儘管有零星的運用個例，儘管它已逐漸為人所知，但還是不夠，它可以發揮更多。80／20法則可以運用於任何產業和組織；可以協助高階主管、現場經理、專家及任何工作人員，甚至新人和實習生。它的運用五花八門，不過80／20法則背後有一套統一的邏輯，使得80／20法則有效且有價值。

80／20法則為何可用在商業上

運用於企業內的80／20法則有一個重點：以最少的開支和努力賺取最多的錢。

十九世紀和二十世紀初的古典經濟學家，發展了一套經濟平衡和公司的理論，自此成為主流的思考模式。該理論指出，在完美的競爭之下，公司不會賺取過多的利潤，因此利潤若不是零，就是資本「正常」支出，而所謂的正常支出，通常要視利息而定。該理論本質上無矛盾，但無法實際運用於任何經濟活動中，尤其無法用在公司的營運情況上，這是此理論的瑕疵。

公司的80／20理論

與前述的完美競爭理論相較，運用於公司的80／20理論不但能實行（而且已經過多次驗證），還可當成行動的指南。80／20的公司理論如下述：

- 在任何一個市場中，有些供應商比別人更懂得滿足顧客需求。這些供應商可以賣得最高的價格，同時取得最高的市場占有率。
- 在任何一個市場中，有些供應商比別人更能減少各項開支。換句話說，當大家的產出與營收相同時，他們的開支較少；或者說，他們能用較低的開支，產生與其他供應商相等的產出。
- 有些供應商比別人更能獲得盈餘。在此我用的字眼是「盈餘」（surpluses）而非「利潤（profits），因為利潤通常暗指股東可以拿到的錢。而有盈餘，指的是可供營利或再投資的資金超過了讓公司正常運作所需要的資金量。較高的盈餘將會導致以下結果（第四點未必發生）：

一、對產品和服務做更多的再投資，以造成更大優勢，並吸引顧客。
二、透過更大的銷售量與行銷努力來贏得市場占有率，或者也可購併別的公司。
三、給員工更多酬勞，這通常可讓員工更有向心力，或吸收到最好的人員。
四、讓股東有更多利潤，這通常可使股價提高，資本降低，引發投資或購併。

- 一般而言，百分之二十或少於百分之二十的供應商，供應了百分之八十的市場，在正常狀況下，這些供應商是有較高利潤的。

此時，市場結構也許可達到平衡，雖然這種平衡與經濟學家心愛的完美競爭模式不大相同。在80／20平衡狀態中，某些供應商，即最大的供應商，可以提供顧客更物美價廉的產品，又能比小供應商獲得較高的利潤。這種情形在現實生活中隨處可見，若依完美的競爭理論而行，卻是絕不可能出現的。我們可以稱這更務實的理論為80／20競爭定律。

但在真實世界中，通常都不會讓平衡維持太久。遲早（通常都很快）會因為競爭者的創新而引發市場結構的轉變。

- 不管是現有的供應商或新加入的供應商都會尋求改革，以期在自己的市場中找到一塊不大但可攻可守的位置，即一個「市場區隔」（market segment）。若能針對特別類型的顧客提供一項特殊的產品或服務，那就可能獲得市場區隔。日後，市場將會有更多的區隔。

在每個區隔裡，都會上演80／20競爭法則。在每個區隔裡居領先地位的，可能是一家大規模的公司或該區隔唯一的專業公司，也可能是該產業的全才型公司，但是他們成功與否，要視他們在自己的區隔中，能不能以最少的花費或努力而獲取最大利潤。在每個區隔中，有些公司在這點上做得比別人好，那就更能擴大在區域中的市場占有率。

任何大公司都會在許多可能遭逢競爭者的區隔中運作，也就是在不同的顧客／產品搭配上用不同的配方，力求在扣除成本後得到最大獲利。在這些區隔中，大公司在某些區隔可能會有大筆盈餘，而在其他區隔的盈餘可能就少很多（或甚至是赤字）。大致說來，百分之八十的盈餘或利潤，是由公司內百分之二十的區隔、百分之二十的顧客及百分之二十的產品所創造出來的。最賺錢的區隔，可能（但並非永遠）在公司中享有最高的市場占有率，同時擁有最忠誠的顧客（忠誠的定義是維持長久關係，同時最不可能轉投靠競爭者）。

- 在任何一家既受大環境影響又得靠員工努力的公司中，其投入和產出、努力和報酬之間的關係可能是不平衡的。就外在而言，這是指某些市場、產品或顧客，比別人的利潤高出很多；就內在而言，這是指某些資源（不論是人員、工廠、機器，或這些因素的組合）所生產的價值，相較於它的成本來說，比其他資源的生產值更高。

  如果這些因素能測量（有些可以，如業務員業績），我們會發現，有些人能產生極高的利潤（他們對總收入的貢獻遠大於他們的花費），而許多人卻只帶來一點點獲利，或根本就是赤字。能產生最大盈餘的公司裡，通常每個員工的平均獲利也都最高，但在一般公司來說，每個員工真正的獲利程度非常不平均：百分之八十的盈餘，通常是由百分之二十的員工所產生的。

- 在公司中，用最少的資源組合，比如說用一個員工，配合環境因素如該員工的特質、該項事務的本質等，結果在百分之二十的時間裡創造出百分之八十的價值，比他正常的水準高出好幾倍。
- 努力與報酬的不平等關係，在企業的各層面中出現：市場、市場區隔、產品、顧客、各部門與員工——在所有經濟活動中出現的是這種不平衡，而非經濟理論中的平衡。表面上一點小小的差異就會造成莫大後果。一項產品的價值只比競爭產品好百分之十，卻可以產生百分之五十的銷售差異，以及百分之百的利潤差異。

三個行動意涵

80／20理論運用在公司上時有一種含義：**一家公司得以成功，是因為它在市場上可以用最少力氣產生最高獲利**。就絕對意義而言，這是指金錢上的獲利；就相對意義而言，這是指競爭。一家公司一定是有盈餘（用傳統的說法來講，就是投資報酬率高），並且是比其他競爭者高的盈餘，才稱得上成功。

第二種含義是：**一家公司若能專注在最能帶來盈餘的市場和顧客區隔上，通常就能大幅提高**

盈餘。這意味著必須重新配置資源，將資源安置在盈餘最高的部門內；這也意味著要全面減少資源和開支（講白一點，就是減少員工人數，降低花費）。

一般公司很少能達到自己的最高盈利能力，連接近這種水準都很難，一來因為管理者時常無法察覺盈餘之所在，二來他們多半喜歡經營大公司，而不是經營較有利潤的公司。

第三種含義：**每家公司都可能藉由減少產出和給員工報酬的不平衡來提高盈餘**。欲達此目標，便須辨識出公司哪個部分（人員、工廠、銷售營業處、管銷的計量單位）是最能產生盈餘的地方，然後讓它們擁有更多權力和資源，使獲利更高。反過來也要知道，是哪個部分讓資源運用不佳或產生負面結果，而後想辦法改善這些部分，如果見不到進步，就不再花錢在這些資源上。

這些法則構成了有用的80／20公司理論，但不能以太僵化或武斷的方式來解釋這些法則。因為這些法則是反映了自然的關係，而在自然裡，秩序與失序並存，規律和不規則同在。

探求「不規則」的見解

試著掌握那造就80／20關係的易變性及力量。若這點做不好，你就難以靈活解釋80／20法則，也無法發現它無限的潛力。

這世界充滿了微不足道的原因，但只要這些原因集結，就可能產生重大的結果。想想鍋子裡的牛奶，當它加熱到超過某個溫度時，會突然改變形狀，膨脹冒泡。這一次你可能煮出一鍋不錯又好喝的熱牛奶，下一次你可能煮出一杯棒極了的卡布奇諾，又或許你只是慢了一秒，爐子上可能就一團糟了。在企業裡，造成不同結果的時間也許要長一些，但一年裡就出現一家優秀又賺錢的ＩＢＭ，在電腦產業裡擁有壓倒性優勢；而不久後，若干小小的原因加在一塊兒，這個失去判斷力的龐然大物便搖搖欲墜。

有創意的系統，其運作絕非遵循平衡理論。因和果、投入和產出，皆以非線性的方式在運作。你的收穫通常不等於你的付出，有時候你獲得的很少，有時候非常多。企業體之所以進行大更動，可能是表面上無關緊要的事物所引起的。擁有同樣聰明才智、技巧與奉獻精神的人，卻可能因為一些小小的結構上的差異，造成相當不一樣的結果。我們無法預言事件會不會發生，但我們可以預期，同一個模式會重複出現。

認出幸運時刻

因此，不可能全盤掌握事情，但可能可以影響事情，由事件中發現其不規則性，並從中獲益。運用80／20法則的藝術，就在於認出目前事情的運轉方式，並盡可能運用它。

請想像自己置身於熱鬧歡騰的娛樂場裡，到處是輪盤賭具。所有號碼的下注賠率是三十五比一，但有些號碼在不同的賭桌屢次出現。在某一桌，「五」這數目每二十次出現一次，在另一張桌子它只在每五十次出現一次，如果你碰準了，賭對了數目，你就發財了。如果你死守著「五」

只在每五十次出現一次的那桌，你的錢全部會不見。

如果你可以找出，你公司的哪個地方讓你的所得比付出還多，你便可以提高賭本，等著大賺一票。同樣的，如果你能找出公司哪裡讓收穫比投資少，你也可以減少損失。

在這種情況下，所謂公司的「哪個地方」，指的可以是任何東西。它可能是一項產品、一個市場、一位顧客或一種客戶類型、一項技術、一條行銷管道、一個部門或分支機構、一個國家、一項交易、一位員工、一種類型的員工或小組。目標在於找出是什麼地方讓你賺得大筆盈餘，並且更強化此處；也要找出是什麼地方讓你損失或在競爭中出局。

我們被訓練成以因果，以正常關係，以一般水準的收益，以完美競爭方式和可預期的結果等角度去思考事情。但真實世界不是這樣的。真實世界裡有許多影響力，因果關係不明確，複雜的反饋回路扭曲了投入；有曇花一現的平衡，而且通常相當惑人；某些表現有著重複但不規則的模式；各公司從來沒有在公平的基礎上競爭，也不可能全都業務興隆。在真實的世界裡，只有少數蒙老天厚愛的人，可以占下市場得到高利潤。

以此觀點來看，大公司複雜的程度難以想像，並且經常是以不同的力量來行事；有的力量順勢而行，獲利甚豐；有的卻逆勢而為，損失頗重。這都是因為不能撥開糾結複雜的現實見到真相，也因為會計系統有著安慰作用，它以平均（且大大扭曲）的方式解釋事情。

80／20法則早已盛行，只是未受注意。我們通常只能看到公司的「淨」結果，但這絕非全貌！在表象之下，正面與負面的產出力量互相拉扯，加起來共同產生了我們在表面所見的效果。

一旦我們辨識出檯面下所有的力量時，80／20法則最能發揮效力，我們就能去除負面的影響，將所有精神花在生產力上。

公司如何運用80／20法則提高利潤

好了，我講了夠多歷史、哲學和理論！現在我們轉換話題，看看實際狀況吧！任何企業都能實際應用80／20法則。現在該告訴你如何運用了。

第四到七章說明若干重要的80／20法則方法。第八章提示你，如何將80／20思考法植入你的企業中，讓你可以獲得優勢，超越你的同事和競爭者。在下一章，我們將說明對所有公司都重要的80／20法則運用：區分出你在什麼地方真正有利潤，以及你在什麼地方其實是賠錢的——所有企業人都認為自己已經明白這一點，但他們恐怕都錯了。如果他們能有正確的認識，那麼他們的企業都會因此而改觀。

4 為策略做體檢

努力不是錯，但方向要正確

企業所使用的策略，
不應該只是一套由上往下看的概念，富麗堂皇但浮泛。
它應該比較像是一套由下而上的理解，涵蓋所有細節，
剝開表面現象，特別是要了解組織在什麼部分賺錢，
在什麼部分賠錢，依此發展出真正有用的策略。
80／20法則說，你一定可以只用兩分的努力，
獲取八分的利潤。問題在於，
你知不知道那兩分的努力是什麼。

如果你沒有運用80／20法則來調整你的策略，那麼很可以肯定，你的策略有很嚴重的缺失，也可以說，你並不了解你在什麼地方賺錢，在什麼地方賠錢。而且，幾乎可以斷定，你為太多的人做了太多的事。

企業所使用的策略，不應該只是一套由上往下看的概念，富麗堂皇但浮泛。它應該比較像是一套由下而上的理解，可以窺視到表象以下，涵蓋所有細節。你要小心檢視企業裡的每個細節，特別是利潤與所產生的現金，以發展一套有用的企業策略。

除非你的公司非常小而精簡，否則你一定可以只用兩分的努力或營收，獲取至少八分的利潤。問題在於，那百分之二十是什麼。

你的搖錢樹在哪裡？

請找出來，你公司裡哪個部門創造的利潤高，哪個部門收支勉強打平，哪裡是大麻煩。為了找出來，我們要依範圍做一次80／20利潤分析：

- 由產品或產品群（類型）來看；
- 由顧客或顧客群（類型）來看；
- 由任何與你企業有關的資料來看，比如地區或行銷管道；

• 由競爭的部門來看。

先從產品開始看。你的企業一定會有關於產品或產品組的資訊。請檢視每種產品在前一段時間、上個月、上一季，或上一年度的表現（要判斷哪一筆資料最可怕），在分配了所有的成本後，計算出各產品的利潤。

這樣做到底是難或易，依你所蒐集的管理資訊而定。你所需要的資訊可能馬上可以獲得，但如果不能，你就要自己建立了。你必須知道產品的銷售數字及產品的獲利（也就是銷售總額扣掉銷售本身所花的費用）。你也要知道整個企業的所有成本（也就是所有的經常開銷）。然後，你要依據某些合理的基礎，把經常費用分攤給每一項產品。

最粗糙的方法是依照營業額的百分比來分配。不過，稍加考量後，你應該就會知道，這種做法並不精確。以產品的價值而言，有些產品花了銷售員太多時間，而有些產品卻花太少。有一些產品做了很多宣傳，有些產品則一點兒也沒有。有些產品在製造方面很複雜，但有些的生產過程很簡單。

把一項經常費用拿來，分攤在每種產品上。接著分攤下一項費用。依此處理每一項成本後，再觀察結果。典型的情形是，有些產品只占營業額的少數，但利潤非常可觀；大部分產品的利潤差強人意或很微薄；而有些產品，在分攤了費用之後發現它虧損極大。

92頁上表的數字，是我最近為一家電子儀器公司所做的研究。如果你喜歡以圖的方示表現數

產品	銷售（$000）	收入（$000）	銷售報酬率（%）
產品小組A	3,750	1,330	35.5
產品小組B	17,000	5,110	30.1
產品小組C	3,040	601	25.1
產品小組D	12,070	1,880	15.6
產品小組E	44,110	5,290	12.0
產品小組F	30,370	2,990	9.8
產品小組G	5,030	(820)	(15.5)
產品小組H	4,000	(3,010)	(75.3)
總計	119,370	13,380	11.2

儀器公司各產品小組的銷售和利潤表

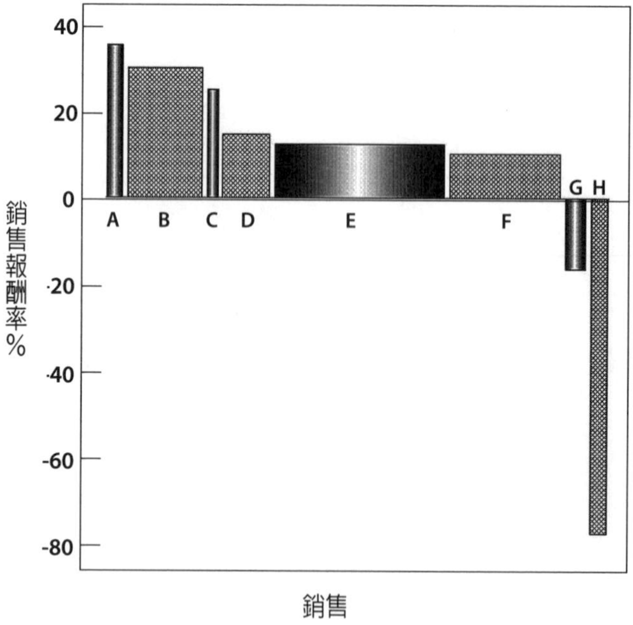

儀器公司各產品小組的銷售和利潤圖

	銷售百分比		利潤百分比	
產品	小組	累計	小組	累計
產品小組A	3.1	3.1	9.9	9.9
產品小組B	14.2	17.3	38.2	48.1
產品小組C	2.6	19.9	4.6	52.7
產品小組D	10.1	30.0	14.1	66.8
產品小組E	37.0	67.0	39.5	106.3
產品小組F	25.4	92.4	22.4	128.7
產品小組G	4.2	96.6	(6.1)	122.6
產品小組H	3.4	100.0	(22.6)	100.0

儀器公司產品小組80／20表

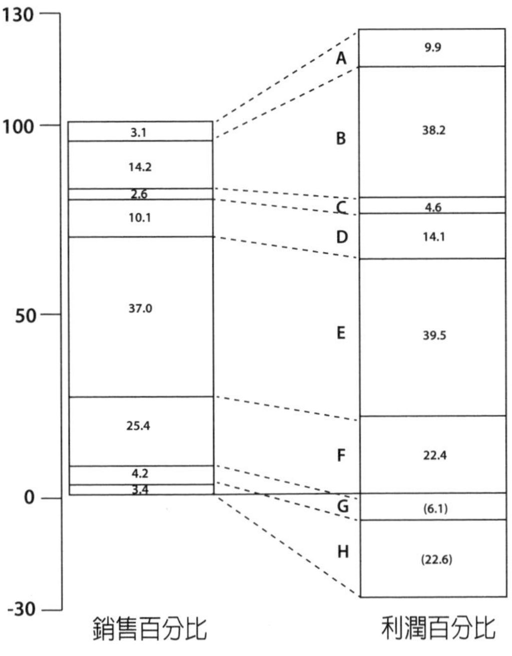

儀器公司產品小組80／20圖

字，可以看92頁下圖。另外，我們在93頁也畫出了這家公司的80／20表與圖。

我們可以從第93頁的兩個圖表看到，產品小組A只有百分之三的銷售量，卻有百分之十的利潤。產品小組A、B、C共有百分之二十的銷售量，但有百分之五十三的利潤。用一張80／20表或圖來看，這一點就非常清楚了。

我們還沒有發現百分之二十的銷售量成就了百分之八十的利潤，但是我們有另一種結果。不是80／20，而是67／30：百分之三十的產品銷售量約占了百分之六十七的利潤。你可能已經在想，該如何提升這百分之三十的銷售量。比如說：你可能會重新分配原本用在其他百分之八十的銷售上的努力，要銷售人員把A、B、C產品的銷售量加倍，不要管其他產品。如果他們做得好，銷售量也許只提升了百分之二十，但利潤超過百分之五十。

你也可能已經在考慮，要降低產品D、E、F的成本，或提高它們的價格；或是想著縮減G、H的費用，甚至完全停止生產G與H。

顧客方面利潤如何？

看完了產品之後，我們繼續看顧客這部分，也做一次和前述產品一樣的分析，但請檢視每個顧客或顧客群的總購買量。有些顧客付出的價錢很高，但服務他的費用也高：這些通常都是比較小的顧客。非常大的顧客可能很容易應付，而他們購買同類產品的量很大，不過他們會殺價。有時候這些差異可以互相抵銷，但是通常不會。96頁兩種圖表說明前述電子儀器公司這部分的結果。

關於顧客再做一些說明。A型顧客群很小，出的價格非常高，也相當有賺頭。服務他們的費用相當昂貴，不過所得的利潤遠超過這些花費。B型顧客是經銷商，他們比較容易下大訂單，服務費用低，然而為了某些理由，他們也可能接受相當高的價格，主要是因為買進的電子零件只占他們總成本的一小部分。C型顧客是出口商，他們付高價，不過麻煩的是，服務他們的費用非常高。D型顧客是大製造商，他們討價還價非常厲害，同時還要求很多技術上的支援和「優惠」。

97頁的圖表是顧客群的80／20表與圖。

這裡顯示的是59／15法則與88／25法則：最能讓你賺到錢的顧客群，只占百分之十五的營業額，都可以讓你獲得百分之五十九的利潤；最能讓你賺到錢的百分之二十五顧客，占你獲利的百分之八十八。原因一部分是因為：最能讓你賺到錢的顧客，通常購買的是最有利潤的產品，也因為相較於攤在他們身上的服務開支來說，他們消費的錢比較多。

這樣的分析，可以讓你願意去發現更多A或B類型的顧客，即小一點的顧客群和經銷商。就算把發現這類顧客的費用算進來，結果仍然是有利的。對C顧客群（出口商）的定價可以視情況提高，同時可以用較低廉的服務來應付其中一些顧客，比如多用電話，不必面對面銷售。

至於D型的顧客（大型製造商），我們要個別處理。D型顧客中的九個，包辦了百分之九十七的D型顧客總銷售量。在某些情形裡，向他們另外收取技術發展的服務費；有時提高價格；而

顧客	銷售（$000）	收入（$000）	銷售報酬率（%）
A型顧客	18,350	7,865	42.9
B型顧客	11,450	3,916	34.2
C型顧客	43,100	3,969	9.2
D型顧客	46,470	(2,370)	(5.1)
總計	119,370	13,380	11.2

儀器公司顧客群的銷售和利潤表

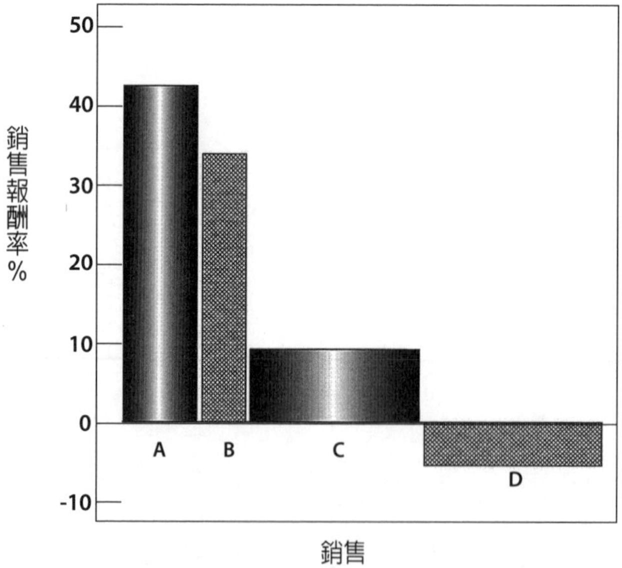

儀器公司顧客群的銷售和利潤圖

顧客	銷售百分比 類型	銷售百分比 累計	利潤百分比 類型	利潤百分比 累計
A型顧客	15.4	15.4	58.9	58.9
B型顧客	9.6	25.0	29.3	88.2
C型顧客	36.1	61.1	29.6	117.8
D型顧客	38.9	100.0	(17.8)	100.0

儀器公司顧客類型80／20表

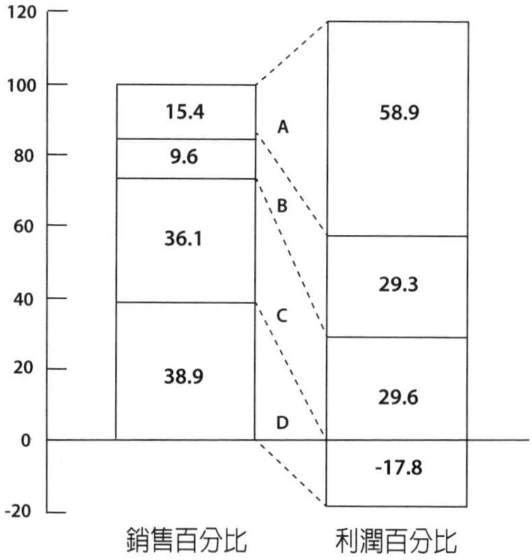

儀器公司顧客類型80／20圖

在一場競標之後，三個顧客就技巧地投向公司最敵對的對手陣營。其實，經理就是希望對手蒙受這些損失！

把80／20分析法應用到顧問公司

分析了產品和顧客之後，我們要剖析在企業體中你認為重要的部分。在儀器公司的例子裡，我們沒有特別做分析，但可以用99頁的表來說明另一家策略顧問公司的營業情形。這兩張圖表顯示了56／21法則：大案子只占百分之二十一的營業額，但利潤有百分之五十六。

另外一項分析，將企業分為「老」客戶（超過三年的客戶）、「新」客戶（還不滿六個月的客戶）及介於其間的客戶，詳見第100頁的圖表。這兩張圖表告訴我們：百分之二十六的老客戶，帶來了百分之八十四的利潤，這是84／26法則。由此得到一個認識：我們要努力留住老客戶，並要想辦法擴大這個客群。老客戶對價格最不敏感，服務他們也最不花錢。若不能把新客戶變成老客戶，這是損失，讓他們對其他公司有了更多選擇的機會：一般認為，受到公司關心的顧客才會變成老主顧。

另外，第101頁的圖表扼要顯示了為顧問公司所做的第三項分析，將他們的案子分為購併、策略分析和營運計畫。這分析示範了87／22法則：購併的工作大幅增加利潤，百分之二十二的營業額就有百分之八十七的利潤。後來顧問公司在購併方面的業務加倍努力！

業務分類	營業（$000）	利潤（$000）	營業利潤率（%）
大案	35,000	16,000	45.7
小案	135,000	12,825	9.5
總計	170,000	28,825	17.0

顧問公司大小專案利潤表

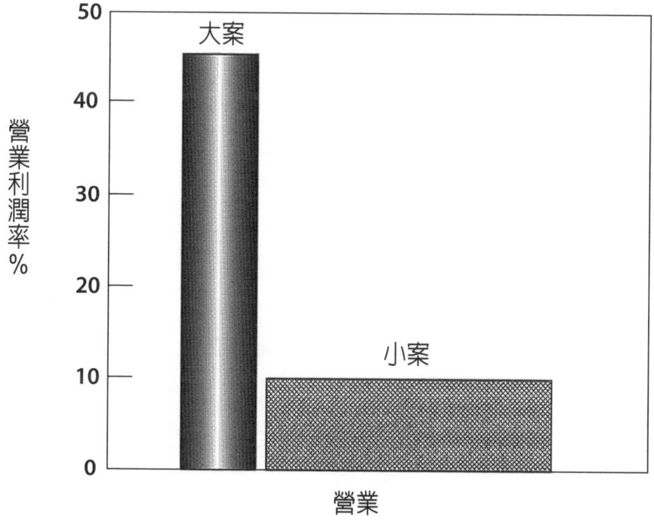

顧問公司大小專案利潤圖

業務分類	營業（$000）	利潤（$000）	營業利潤率（%）
老客戶	43,500	24,055	55.3
中間客戶	101,000	12,726	12.6
新客戶	25,500	(7,956)	(31.2)
總計	170,000	28,825	17.0

顧問公司新舊客戶獲利力表

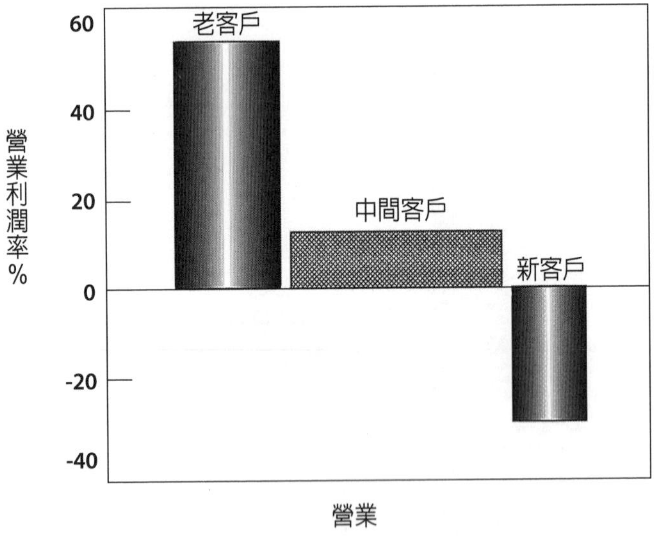

顧問公司新舊客戶獲利力圖

業務分類	營業（$000）	利潤（$000）	營業利潤率（%）
購併	37,600	25,190	67.0
策略分析	75,800	11,600	15.3
營運計畫	56,600	(7,965)	(14.1)
總計	170,000	28,825	17.0

顧問公司專案類型獲利力表

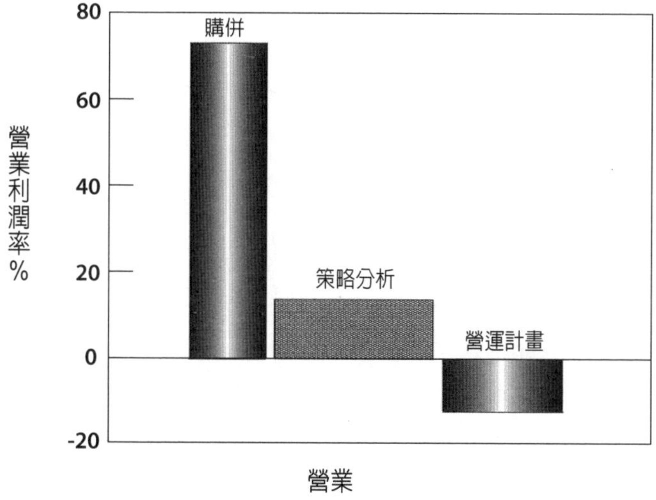

顧問公司專案類型獲利力圖

在營運方面，將新、舊客戶加以分析後發現，在新客戶方面是賠錢的，而老客戶大約只能打平。因此這引導出一種決策：不要和新客戶往來，而對老客戶提高收費，或是將整個專案交給其他專業顧問公司處理。

區隔：了解與獲利的關鍵

檢視企業獲利的最好方法，就是將企業分成具有競爭性的區隔（competitive segment）。對於自己產品、顧客或其他相關的分析固然很有價值；而絕佳的見解，卻來自於根據競爭對手而細分出顧客和產品的組合。這麼做，聽起來難，做起來可不難，但是少有公司如此細分自己的營業，所以需要解說一下。

什麼是競爭區隔

競爭性的區隔，是指你公司的業務中，面對不同競爭者或不同競爭力的部分。舉你公司對你來說重要的部分，也許是一項產品、一種顧客群、一條針對單一顧客類型的產品線，或任何其他區分。現在問自己兩個簡單的問題：

- 在你的公司中，和其他部門相較，這一部分會不會常要面對主要的競者者？如果是，那

麼這部分就是一個獨立的競爭區隔（簡稱為區隔）。

如果你在區隔中面對的是專家型的競爭者，那麼你能獲利多少，要看你和對手的產品及服務與顧客如何互動，然後消費者比較喜歡誰。同時，也要看和競爭者比起來，你提供的產品或服務成本是多少。不管怎麼樣，你的競爭者會決定你能獲利多少。

因此請分別檢視你公司內的各個部分，並請定出一套可以擊敗對手（或與對手共謀）的策略。當然你也要審視它的獲利程度——你可能會很驚訝。

如果你要觀察的部分和另一個部分面臨同一競爭對手（比如說，你A產品和B產品的主要對手是同一個），那麼請問自己另一個問題：

- **在這兩個區隔中，你和你的競爭者是有相同的銷售率或市場占有率，還是對方在一個區隔表現比較優秀，而你在另一個區隔卻居上風呢？**

舉例來說，假設你的A產品有百分之二十的市場占有率，而頭號競爭者卻占百分之四十（占有率是你的兩倍）：那麼B產品是不是也一樣，他們的市場占有率是你的兩倍？如果你擁有B產品百分之十五的市場占有率，但你的競爭者只占百分之十，那麼這兩種產品就有不一樣的競爭位置了。

這一定是有原因的。消費者可能比較喜歡你的B產品，但喜歡你對手的A產品。也可能是因為你的對手並不關心B產品。或是因為你的B產品很強，而且定價很有競爭力，而對方的A產品很強，而定價很有競爭力。不過在目前這個階段，你不需要知道原因。你只需要觀察到，儘管你面對的是同一個競爭者，但你們在兩個區隔的優勢不同。所以這兩個區隔要分開來看，也許獲利也不盡相同。

心中有對手

傳統的業務分類方式，是從產品或從公司組織內各部門來劃分，但我們不採用這方法。你要心中想著競爭區隔，這會直接讓你採取最重要的劃分方式，而你也應該用這方式來思考你公司的事業。

在我們前面所提到的儀器公司裡，經理們對於如何劃分公司的區隔有不同看法。有些人認為，產品是關鍵所在。有些經理則認為，最重要的是區隔顧客，究竟顧客是屬於管線事業（如天然氣和石油業），還是屬於有生產線性質的企業（如食物製造業者）。有三分之一的經理認為，美國國內的企業與對外輸出的行業差異相當大。由於經理們從不同的角度出發，而每個角度各有其道理，所以不管是在互相溝通或組織公司上，都難有進展。

將公司依競爭區隔來劃分，便消弭了這些爭論。規則相當簡單：**如果你不用面對不同的競爭者或不同的競爭位置，就不必單獨做區隔**。用這方法，我們很快就得到一組看起來不優美但非常清晰的區隔，大家一看就明白。

一開始，我們很清楚知道，在大部分（但非全部）的產品上，競爭者是不同的。當競爭者一樣，有類似的競爭位置時，我們就將這些產品歸在一起。不過大部分的情形下，產品是有所區隔的。

接著我們要問，這些管線顧客的競爭位置，與有生產線的顧客是否有所不同，結果發現，只在一項產品上是不同的，但是在這一項產品——液體密度機器中，頭號的競爭對手不一樣。因此，我們做了兩種區隔：液體密度機器的管線和液體密度機器的生產線。

最後我們問：每個區隔的競爭對手或競爭位置，在美國境內和海外市場是否不同。在大多數的例子中，答案都是有所不同的。如果海外市場夠重要，那麼我們就要針對不同的國家詢問相同的問題了：在英國、法國或亞洲地區，所遭遇的競爭對手都一樣嗎？在遇到不同競爭對手的國家，我們將企業再細分為不同的區隔。

最後我們共分為十五個大區隔（我們把非常小的區隔歸在一起，以免太瑣碎），通常是以產品及地理位置為準，但有一個例子是以產品和顧客類型為準（也就是液體密度機器，我們將它區隔為全球管線和全球製程）。接著我們分析每個區隔的銷售與獲利，如107頁的區隔利潤表與圖。

為了要強調收益和獲利之間的不平衡，我們可以再畫一次80／20表（第108頁）或80／20圖（第109頁）。我們可以從這些圖表中看到，前面六個區隔總共占總銷售量的百分之二十六．三，但是利潤有百分之八十二．九：因此，這是一個83／26規則。

儀器公司如何提高利潤？

第108與109頁這兩張圖與表，把重點放在三類公司上面。最賺錢的一季是在第一至第六的區隔中，一開始分類時，這六個區隔被列為第一優先的A業務，必須快速成長。超過百分之八十的利潤來自這些區隔，而它們只用到一般的營運時間。於是他們決定，多花一點時間在A業務上，變成占全部經營時間的三分之二。集中銷售火力，希望賣出更多A業務的產品，而銷售對象是現有顧客和新顧客。他們知道，這一組區隔可以提供額外服務，也可以降一點價，而利潤仍可以非常高。

第二組業務包含了區隔第七至十二。這一組區隔占總銷售量的百分之五十七，同時占整體利潤的百分之四十九，換句話說，獲利率稍低於平均數。這些區隔的優先順序為B，雖然在B類中有些區隔（如區隔第七與第八）很明顯比其他區隔（如十一和十二）更有意思。這些區隔的優先順序，與本章剛開始時所提出的兩個問題的答案一致，也就是說，視每個區隔是否為值得介入的市場而定，以及公司在每個區隔中所處的競爭位置如何。這些問題的謎底留待本章末揭曉。

在這階段，決定把花在B區隔的所有經營時間，從大約百分之六十的總時間量減為百分之三十。比較不具利潤的區隔，也把價格提高了。

指定為優先順序X的第三類中，包含了產生虧損的區隔十三至十五。他們決定，對於這類區隔的處置方式是和區隔B一樣：在市場吸引力的分析和公司在各市場的競爭位置未確認之前，暫

區隔	銷售（$000）	利潤（$000）	銷售報酬率（%）
1	2,250	1,030	45.8
2	3,020	1,310	43.4
3	5,370	2,298	42.8
4	2,000	798	39.9
5	1,750	532	30.4
6	17,000	5,110	30.1
7	3,040	610	25.1
8	7,845	1,334	17.0
9	4,224	546	12.9
10	13,000	1,300	10.0
11	21,900	1,927	8.8
12	18,100	779	4.3
13	10,841	(364)	(3.4)
14	5,030	(820)	(15.5)
15	4,000	(3,010)	(75.3)
總計	119,370	13,380	11.2

儀器公司各區隔的獲利力表

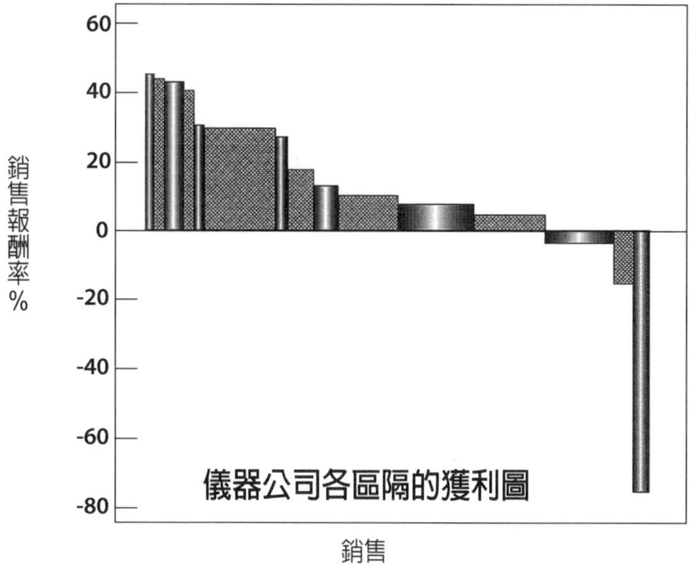

儀器公司各區隔的獲利圖

區隔	銷售百分比 類型	銷售百分比 累計	利潤百分比 類型	利潤百分比 累計
1	1.9	1.9	7.7	7.7
2	2.5	4.4	9.8	17.5
3	4.5	8.9	17.2	34.7
4	1.7	10.6	6.0	40.7
5	1.5	12.1	4.0	44.7
6	14.2	26.3	38.2	82.9
7	2.5	28.8	4.6	87.5
8	6.6	35.4	10.0	97.5
9	3.5	38.9	4.1	101.6
10	10.9	49.8	9.7	111.3
11	18.3	68.1	14.4	125.7
12	15.2	83.3	5.8	131.5
13	9.1	92.4	-2.7	128.8
14	4.2	96.6	-6.0	122.6
15	3.4	100.0	-22.6	100.0

儀器公司各區隔的銷售和利潤80/20表

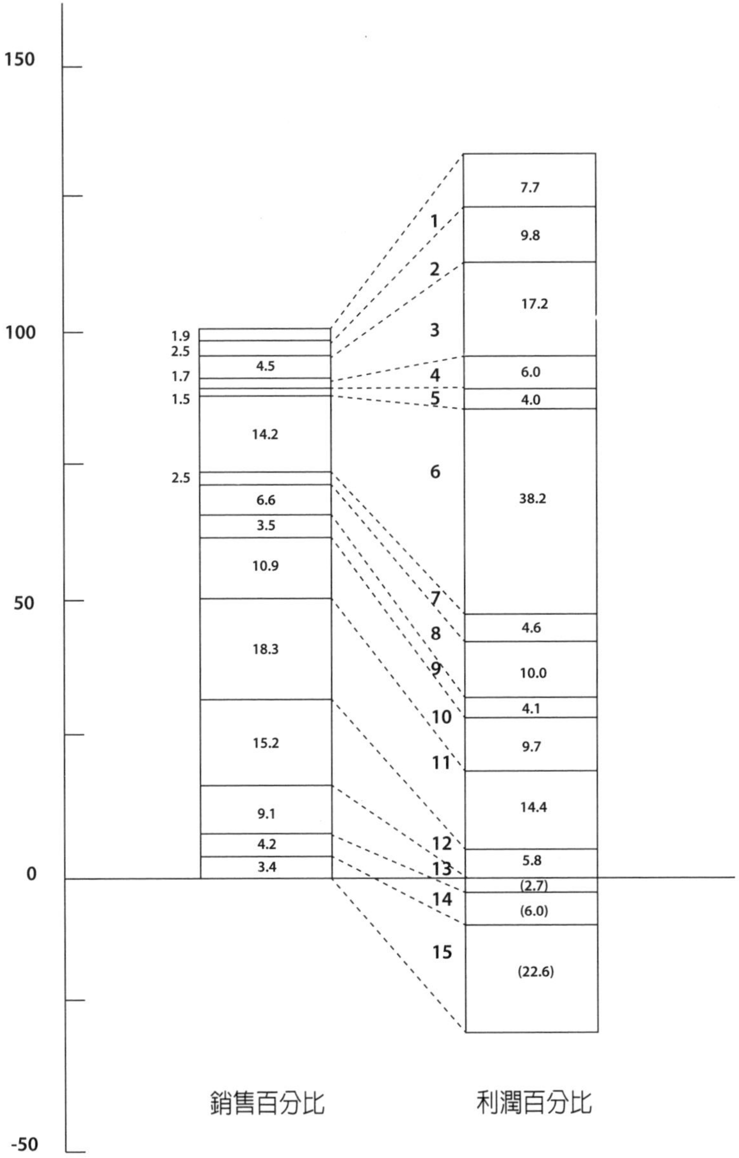

儀器公司各區隔的獲利力80/20圖

時不採取動作。

不過，優先順序暫如第111頁上表所示。

在做最後決定之前，儀器公司的最高管理階層檢視了除利潤之外的其他兩個問題，這兩個問題是策略的關鍵所在：

- **這個區隔是個吸引人的市場嗎？**
- **在每個區隔中，公司的定位如何？**

左頁下表表示電子儀器公司最後的結論。

接下來的行動

所有的A利潤區隔都是有吸引力的市場——正在成長；新的競爭者若想要進入，會遇到極高的門檻；需求高於產量；無懼於競爭者的科技；面對面和顧客及供應商討價還價的能力很強。因此，幾乎所有在這些市場裡的競爭者都利潤甚豐。

這家公司在每個區隔中的位置都不錯，也就是說，他們有很高的市場占有率，是排行前三名的供應商。其技術高於平均水準，成本亦低於競爭者的平均支出。

這些區隔是最有利潤的區隔，所以，這分析確認了80／20法則所暗示的利潤比。區隔一至六

優先序	區隔	利潤%	%	建議應採取的行動
A	1-6	26.3	82.9	提高銷售努力 增加經營時間 增加價格的彈性
B	7-12	57.0	48.5	降低經營時間 減少銷售努力 提高銷售價格
X	13-15	16.7	(31.4)	檢討生存能力
總計		100.0	100.0	

儀器公司之80/20分析法結果

區隔	市場有吸引力？	位置有利嗎？	獲利力
1	是的	是的	非常高
2	是的	是的	非常高
3	是的	是的	非常高
4	是的	是的	非常高
5	是的	是的	高
6	是的	是的	高
7	是的	普通	高
8	是的	普通	相當高
9	是的	不佳	普通
10	不怎麼樣	是的	普通
11	不怎麼樣	是的	普通
12	不吸引人	普通	不佳
13	是的	改善中	虧損
14	不吸引人	普通	虧損
15	不吸引人	不佳	虧損

儀器公司策略診斷表

因而保有A區隔的地位，努力保持現有業務，並因老顧客和由新顧客轉為老顧客這兩方面的業務增加，而擴大了市場占有率。

接下來，在B類區隔裡可以做一些調整。區隔九很有趣：它的利潤普通，但這不是因為這個市場無法吸引人，相反的，這市場非常具有吸引力，大多數的對手都有非常好的利潤。但是這家電子儀器公司在這個區隔中的市場占有率相當低，支出卻很高，這主要是因為他們還在使用過時的技術。

更新技術可能要付出非常多努力，花費也相當昂貴。因此我們決定：要在該區隔中有所「收穫」，也就是說，少花一些力氣在維持業務上，但提高價格。我們知道，這種做法會導致銷售暫時降低，但是能得到比較高的利潤。事實上，減少努力並提高價格確實可以提高獲利，但在短時間內會導致銷售量微幅下降。結果顯示，儀器公司自己守著舊技術不放，也就沒別的供應商可以選擇——等到他們換用新技術，情形才好轉。結果，我這家儀器公司客戶的獲利，從百分之十二．九提升到超過百分之二十，雖然一般認為這可能是暫時性的刺激。

在區隔十和十一，這家儀器公司占有主市場，但就結構來說，這兩個區隔是毫無吸引力的市場：這兩個市場在衰退，產量過剩，是買方的市場，顧客可以把價格殺得很低。儘管事實上這家儀器公司在這兩個區隔是市場的領導者，但他們還是決定，降低該區隔的重要性，並取消新的投資。

他們在區隔十二也做了相同的決定，不過是出於不同的理由。區隔十二的市場更不吸引人，而且公司只有普通的市場占有率。在這區隔裡，他們的新行銷計畫和投資都只是次要的。

那麼，類型X裡那些賠錢的市場又如何？我們發現，在類型X的三個區隔中，十四和十五這兩個區隔都很大，但都是沒有魅力的市場，儀器公司在其中是很微不足道的競爭者。於是他們決定，退出這兩個區隔。在其中一個區隔裡，是把一家工廠的一部分賣給競爭對手，賣出去的價錢非常低，但最起碼有些現金，而且，不但停止了虧損，還保留了一些工作機會。在另一個區隔中，則把所有運作都結束。

也在X小組的十三區隔，命運卻不一樣。雖然這個小組在這方面是虧損的，它卻是一個相當吸引人的市場：每一年都成長百分之十，大多數的競爭者都有高獲利。事實上，雖然該小組在分攤了所有成本之後仍有虧損，但在這個區隔中的毛利是相當豐厚的。這個區隔的問題是：它在一年前才進入這個市場，在技術上和銷售成績上仍需要相當大的投資。但是它正一點一點占有市場，如果它可以持續提高占有率，三年內可望成為最大的供應商之一。到那時候，有了較高的銷售量來分攤成本，獲利也就可以提高，他們決定多在區隔十三下工夫，讓X組盡快達到以最小的規模來獲利。

別用80／20分析法驟下結論

前例中的區隔十三有助於說明一點：以80／20分析法來分析獲利情況，並不能提供我們所有的正確答案。分析所得到的是在某個時間點的情形，無法（以此開始）提供足以改變獲利的趨勢全貌或力量。我們需要一個像80／20法則這樣的獲利分析法，但是，若你想提出一套好策略，光靠80／20法則是不夠的。

賺錢最好的方法，無疑就是停止虧損。請注意，除了區隔十三之外，在這十五個區隔中的十四個裡，一條簡單的80／20利潤分析法，多少可以提供正確的結果，而這十四個區隔占總收入的百分之九十以上。

這意思並不是說，有了80／20分析法，策略分析到此就告一段落，而是說，策略分析應該由80／20分析法開始。若要獲得全盤的認識，你必須審視市場區隔的吸引力，以及公司在每個區隔的位置如何。儀器公司所採取的行動以115頁的表概述之。

讓你的公司脫胎換骨

我們已經了解，欲獲得一個區隔策略，80／20利潤分析是不可或缺的，但我們還沒有把80／20法則發揮得淋漓盡致——該法則對於你的公司在下一階段應該朝何方向躍進，有莫大助益。

我們總以為，我們的組織和我們所處的產業都盡力了。我們也認為，商業世界的競爭激烈，也已達到某種平衡。這真是大錯特錯。

你最好一開始就假設，你的公司一團糟，應該重新組織，使公司更有效率，以因應顧客所

區隔	順序	特性	採取的行動
1-6	A	市場吸引人 位置有利 獲利力高	多管理 提升銷售力 獲取銷售彈性
7-8	B	市場吸引人 位置普通 獲利力好	保持現狀
9	C	市場吸引人 技術和位置 都不好	必須有斬獲（降低成本， 提高價格）
10-11	C	市場無魅力 位置有利 收益普通	少花一些力氣
12	C-	市場無魅力 位置普通 獲利力不佳	花很少力氣即可
13	A	市場吸引力 位置逐漸有利 虧損	快快取得占有率
14-15	Z	市場無魅力 定位普通或不良 虧損	轉手或結束

儀器公司採用80/20分析法之後的行動

需。同時就你的公司來說，你的野心應該是要在接下來的十年裡讓公司轉變，讓你公司的員工在十年後回顧時，會悲傷地搖頭說：「我簡直不能相信我們過去是用這種方式做事，我們以前真是瘋了！」

重點就在創新：創新對於未來的競爭優勢而言相當重要。我們以為創新很困難，但若以創意運用80／20法則，創新可以是輕而易舉同時趣味盎然的！請想一想下列觀念：

- 在所有產業裡，百分之八十的利潤是由百分之二十的產業所賺取的。將你所知最有利潤的行業——例如製藥業和顧問業——列出一張表，同時問問自己，為什麼你所處的產業不能像這些產業？
- 在任何一個產業裡，百分之八十的利潤是由百分之二十的公司所賺取的。如果你不屬於這百分之二十，那麼什麼是他們正在做，但你還沒做的？
- 顧客百分之八十的認知，得自於公司平日百分之二十的作為。以你的情況而言，這百分之二十是什麼？是什麼狀況讓你無法做得更好？是什麼阻礙著你，讓你無法把這百分之二十做到最好？
- 一個產業裡，有百分之八十的作為，最多只產生百分之二十的利潤給顧客。這百分之八十是什麼？為什麼無法除去？舉例來說，如果你是個銀行家，為什麼你要開分行呢？如果你要提供服務，為什麼不透過電話和個人電腦來統合顧客的需求？有哪些是和自助服務一樣好？顧客可不可能也提供若干服務？

- 任何產品或服務所產生的好處，有百分之八十是來自百分之二十的成本。許多消費者會買拆封過的廉價品——在你的產業裡，有沒有人提供這項服務呢？
- 百分之八十的公司利潤，來自其百分之二十的顧客。你有沒有這比例不均的現象呢？如果沒有，你需要做什麼才能得到它？

為什麼你需要人

舉一些轉型產業的例子可能有助於說明。我祖母過去在街角開了一家雜貨店。她會收到一些訂單，然後挑出貨品，我（或其他比較可靠的男孩）就會騎著腳踏車，把這些東西送去給客人。後來城裡開了一家超級市場。超級市場吸引顧客選擇自己的食品雜貨，然後帶著這些東西回家。超市並且提供了比較多的貨品，價格較低廉，還有停車場。不久之後，我祖母的顧客全都蜂擁至超級市場。

有些產業（像汽油零售業）很快也變成了自助式的。但是其他產業，像是家具零售業與銀行界，卻認為自己不適合。然而每過幾年就有一個新的競爭者顯示，「自助式服務」這種老點子還是可以有新生命，家具界的ＩＫＥＡ就證明了這一點。

打折也是一種長青的轉型策略：提供較少的選擇、較少的裝飾、較少的服務與較便宜的價格。百分之八十的銷售量，集中於百分之二十的產品上——那就只進這些產品。另外，我過去曾經為一個酒商工作過，這店裡進了三十種不同類型的紅葡萄酒。誰會需要這麼多的選擇？結果這家公司被一家折扣連鎖店買下來，現在開了一家大型的酒類賣場。

五十年前，誰會想到人們會想進速食店呢！而今天，又有誰想得到，那種提供一份菜色有限的菜單，四周環境炫目，價格合理，而且堅持客人坐滿九十分鐘就必須離座的餐廳，居然大大威脅了傳統餐廳！

運用機器可以更便宜，為什麼我們還要堅持用人來做事呢？何時航空公司才會開始使用機器人為你服務呢？大部分的人還是比較喜歡人類，但機器更可靠，也比較便宜。機器讓我們只花百分之二十的代價卻得到百分之八十的好處，很多時候提供的服務更好、更快，成本更少，例如自動提款機。

地毯該換了嗎？

再舉最後一個例子，說明它如何運用80／20法則轉變公司的財富，而且改變了整個公司。你看看喬治亞介面公司（Interface Corporation of Georgia）吧！現在是家年營業額八億美元的地毯供應商。這家公司過去只賣地毯，現在它也出租地毯，是一塊塊接合的地毯，而非整塊地毯。介面公司意識到，在一塊地毯上，百分之八十的磨損出現在百分之二十的地方。通常，地毯到了要替換時，大部分的地方仍然完好。在介面公司的出租計畫中，地毯塊只要一檢查出有任何的磨損或毀壞就更換。

這種做法同時降低了介面公司和顧客的成本。一個小小的80／20觀察，改變了一家公司，並且可能導致這個產業廣泛的改變。

結論

根據80／20法則來看，你的策略不對。如果你所賺的錢中，大部分來自一小部分的活動，你就應該完全轉變你的公司，並且集中精力來增加這一小部分的活動。然而這只是解答的一部分，在企業需求的背後，還潛藏著更有力的真相。接著我們即將轉而探討這個主題。

5 單純就是美

複雜為浪費之母

企業人似乎喜歡複雜。一個單純的公司一旦成功，經理人就忙著讓公司變得很複雜。等公司變複雜了，它的獲利卻大大降低。這不只是因為公司多進行了一些周邊的事務；也因為，讓公司變複雜的行動是人類行為中最會降低獲利的事。如果能明白複雜的代價，便能使利潤增加。

「我的努力，都是以簡化為目標。一般人能擁有的東西太少，而連基本必需品都太貴（那就別提奢侈品了，雖說我認為人人有權享受奢侈品）。這是因為，我們把所有東西都造得太複雜了，而它們不必這麼複雜。衣服、食物、家飾裝潢，都可以再單純一些，也更好看一些。」

亨利・福特（Henry Ford）①

在前面幾章，我們已經清楚看到，所有的企業或公司，他們自己各個部分的獲利程度是不一樣的。80／20法則提出一套聽來相當駭人的假設：一家典型的公司裡，五分之一的總收入，等於全公司五分之四的利潤與現金。反過來說，一般公司的五分之四營收，只是它五分之一的利潤和現金。這是個怪異的說法。

假設有一家公司總營收是一億英鎊，總利潤是五百萬英鎊，用80／20法則來解釋的話，就是它其中兩千萬英鎊的銷售額產生四百萬英鎊的利潤，獲利率是百分之二十；其他八千萬的營收只產生了一百萬的利潤，獲利率是百分之一．二五。這表示，這家公司裡有五分之一的業務，其獲利率是其他業務的**十六倍**。

特別的一點是，經過檢驗之後，80／20法則所提出的假設都是正確的，或至少與事實相去不遠。

這怎麼可能？直覺來看，我們當然知道，公司裡有些生意比其他生意賺錢，但獲利率是其他生意的十六倍？怎麼可能！求你相信恐怕你都不願意。委託我審視公司產品獲利情況的主管人員，第一次看到這樣的假設與說明時，也都不相信。待他們細看假設並加以檢驗，他們仍深表困惑。

接下來，通常換成是經理級的人不能接受，他們沒辦法割捨公司不賺錢的那百分之八十業務。他們的理由看似合理：這百分之八十業務對於公司的經常性開銷很有幫助。他們說，若把這百分之八十刪去，一定會降低獲利，因為根本不可能把經常性開銷減掉百分之八十，在任何時間都不可能。

遇到這種情形，一般的企業分析師或顧問都會向經理人讓步，只把公司裡最最糟糕的業務除掉，而對於真正能賺錢的業務只多做一點點努力。

但這種出於誤解的妥協是很可怕的。鮮少有人停下來問：為什麼不賺錢的業務是不好的。而更少有人思考，在理論上和實際上，一家公司可不可能完全只做最能賺錢的事，然後刪掉百分之八十的經常開銷。

事實上，不賺錢的生意之所以不賺錢，是因為它需要使用經常性開銷，也因為一家公司會由於不同性質的業務繁多而使得組織複雜無比；又因為最賺錢的業務沒有經常性開銷，或只需要一點點。一家公司可以只做最能賺錢的事，而這生意一定能賺錢，**只要你把事情重新組織一番**。

為什麼？因為，單純就是美。企業人似乎喜歡複雜。一個單純的公司一旦成功，經理人就忙著讓公司變得很複雜。等公司變複雜了，它的獲利卻大大降低。這不只是因為公司多進行了一些周邊的事務；也因為，讓公司變複雜的行動是人類行為中最會降低獲利的事。

接下來我要說，這過程可以反過來。複雜的事可以變單純一些，利潤可以增加——只要你明白了複雜的代價（或認識到單純之美），只要你有勇氣把那些要命的管銷費用至少砍掉五分之四。

複雜真是醜

我們這些相信80／20法則的人，如果不能向別人證明「單純就是美」，以及為什麼單純就是美，便永遠無法讓產業有所轉變。如果人們不能理解這一點，便不會願意放棄現有業務和開銷的百分之八十。

所以，我們必須回到基本道理上，把一般觀念中認定的商業成功之道做一番修正。欲達此，我們先要討論現今正熱的問題：公司的大小究竟是助力或阻力。解決了這個爭論，我們也就可以說明，為什麼單純就是美。

在產業結構中，現正遭逢一件非常有趣且前所未有的事。自從工業革命以來，公司是愈變愈大，愈來愈多樣化。直到十九世紀末，幾乎所有公司都是屬於國家的，或至少和國家有關，絕大部分的利潤來源是在自己國內，而幾乎所有公司只有一條產品線。這情況在二十世紀有一連串的變化，改變了商業的本質，也改變了我們的日常生活。首先最要感謝汽車大王福特讓汽車「平民化」，帶來新興的生產線工廠，使得一般商號的錢多賺幾倍。他創造了史上未見的大眾消費商品，大大降低了生產消費品的成本，並使得大企業的力量日益增大。

然後我們見到所謂的跨國企業興起，一開始是占據美洲和歐洲市場，後來便以全世界為商業版圖。接下來出現大型聯合集團，這是一種新型態的企業，不自限於僅僅一種商務，而快速把觸角伸向許多產業，旗下擁有無數產品。而後，出現了併吞式的惡性接管，主要動力是出於管理上的野心和財務上的理由，這使得公司變更大。最後是這三十年來，由於企業領導人——主要是日本企業——一心一意想在自己的首要市場上取得全球的領導地位，也盡可能多攻占國際市場。崇尚大企業的做法至此是最後的發展。

二十世紀的前面七十五年，我們看到一般以擴大為目標的企業發展，以及愈益加大的企業活動範圍，其勢沛然莫可禦之。但在最近二十年，原本追求擴大企業活動範圍的做法反了過來。一九七九年，《財星》（*Fortune*）雜誌所選的全美五百大企業，共占全美市場的將近百分之六十，而到九〇年代初，降為百分之四十。

這表示小即美？

不是。當然不是。企業領導人和策略分析師長久以來相信，經濟規模和市場占有率非常重要；這想法絕對沒錯。經濟規模大一些，則分攤固定支出（尤其是屬於固定管銷費用的主體支出）的範圍就大一些，因為現在工廠如此追求效率。市場占有率也有助於提高定價：最受歡迎的廠商，也就是市場占有率最高、有最好的口碑和品牌，以及顧客忠誠度最高的廠商，應該會比市場占有率低的廠商有更高的利潤。

但為什麼大廠商會被小廠商占去市場？為什麼，在經濟規模和市場占有率上的優勢，理論上可以帶來較高的獲利，但實際上並不然？又為什麼，明明看見銷量擴大，獲利和資金的回收卻下降？照理論來說，不是應該成長嗎？

為複雜所付的代價

以上問題最重要的答案是：複雜必須付出代價。規模不是問題，複雜才是問題。如果規模加大但沒有變複雜，一定能使單位成本降低——提供更多的產品或服務給同樣的顧客，只要產品或服務維持原樣，就一定可以多賺。

然而，增加了規模後，很少也能維持同樣的產品或服務。就算顧客相同，所增加的規模通常來自於把現有產品加以翻新，或是提供新產品，並提供新服務。這樣做需要花高額的管銷費用，而且常常是看不見的開支，但確確實實是開支。如果情況牽涉到新顧客，那更糟。招徠新顧客時，通常在一開始要花頗多的開支，而新顧客的需求往往與老顧客不同，這讓事情更複雜。

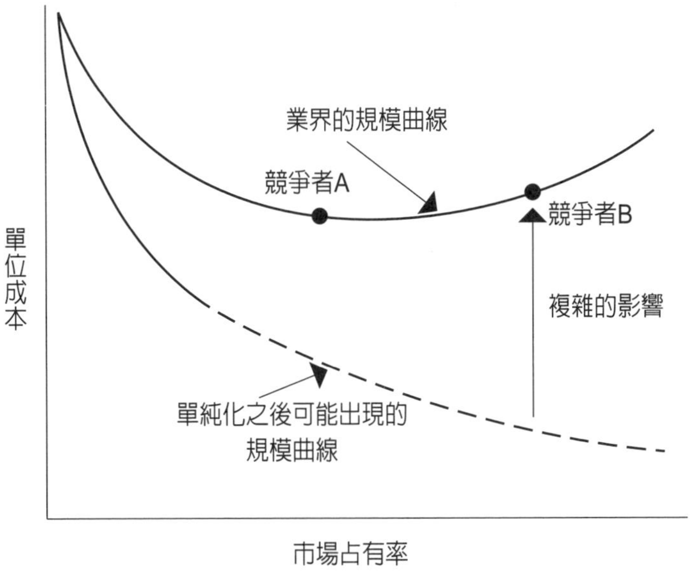

複雜的代價

內部的複雜造成看不見的支出

假如新的業務與現行業務不同，就算只是一點點不同，也多半都會造成開銷增加——不與新業務的增加成比例，而是遠遠高於比例。這是因為複雜情況把單純系統的速度拖慢了，經理人得面對新情況並回應新需求。停下來，重新開始，與新的人溝通（及溝通不良）等等，都需要付出。而在工作進行中出現的人際「代溝」最花錢——你必須等另一個人參與，接著重新開始，然後又遇到一個代溝。這些支出都很嚇人，而由於它們大都是看不見的支出，殺傷力尤其驚人。

這個情形可以用上圖說明。競爭對手B比A大，但成本比較高。這不表示規模曲線（scale curve，增加的量等於較低的支出）無效；相反的，這是因為B量增加了，換得的是複雜度也增加。規模曲線是成立的，但它的好處被額外增加的複雜給抵銷了。

單純就是美，可以解釋80／20法則

了解了複雜的代價，讓我們在關於企業規模大小的論辯上，前進了重大的一步。並非「小就是美」。大也可以是美，若其他情形相同的話——問題是，其他事情不會相同。大只會是醜的、代價昂貴的，因為大就是複雜。大，**也許**可以是美的；但單純，**一直**都是美的。

研究管理的人，太晚認識單純的價值。最近有一個關於三十九家德國公司的研究出爐，帶領這個研究的是侯默（Gunter Rommel）。②這份研究發現，在贏家與不算成功的公司之間，只有一個重大區別：單純與否。贏家的產品類型少，顧客數目少，供應商也少。這份研究最後認為，一個單純的組織最適合銷售複雜的產品。

這個突破性的認知，有助於解釋，為什麼看似不合理的80／20法則竟適用於企業獲利，又如何應用於企業獲利。五分之一的營收，產生五分之四的利潤。前百分之二十的營收，比最後百分之二十的營收多十六倍的利潤。單純就是美，這道理可以解釋80／20法則的原理：

- 單純且純粹的市場占有，其價值比我們過去所認識的還要高。從純粹的規模而得的利

潤，被那與不純粹的規模有關的複雜一遮蓋，就變模糊了。而且，不一樣的業務內容通常要面對不一樣的競爭對手，與他們面對面作戰時的氣力也不同。比起必須在區隔裡面對另一個占領導地位的對手，當一項業務在它自己的較窄區隔裡居領導地位時，它所獲得的利潤可以高幾倍。

- 業務中若有某些部分是成熟與單純的，則它們的獲利可以非常驚人。減少產品的類別、顧客的數目和供應商的量，通常能帶來較高獲利，一來因為你可以好好專注在能獲利的活動和顧客上，二來也因不必為複雜多花管銷方面的支出。
- 公司常會根據不同產品而尋找不同程度的外援，向外面的資源買進貨物或服務（行話叫外包）。外包是很好的減少複雜與開支的方法。最好的方式是先判斷，在整個增加價值的生產鏈中（研發—製造—配銷—銷售—市場行銷—服務），你的公司在哪個環節最具競爭優勢，一旦找到，就要狠下心來，把其他不具優勢的部分全部外包。這樣做，可以把絕大部分因複雜而生的支出都省下來，並且能加快產品上市的時間。結果：成本降低，價格往往還可提高。
- 簡化可以去除中央統籌功能，也省了花在這上面的費用。一旦你只有一條產品線，你就不需要一家總公司或總店，不需要地區性的分公司或分店。去除總公司，可大大提高獲利。總公司或總店的壞處不在於開支，而在於它們把真正在做事、真正為顧客提供價值的人的責任和動機都奪走了。若把中央指揮去掉，企業就真正可以專注在顧客身上，而不必管什麼因管理層級而來的問題。

公司不同性質的業務，會遇到不同程度的總管理上的干預和開支。最賺錢的產品和服務，通常是自生自滅的業務，總管理方面沒有提供任何「協助」。所以，每當80／20法則付諸實行後，高階主管總是嚇一跳，最賺錢的怎麼會是總管理完全沒有照顧的產品（糟糕的反效果：有時候，一旦這最賺錢的部分引起高階經理人的注意，自此它的獲利就往下跌）。

- 最後，若某部分的業務性質單純，通常很可能它與顧客比較接近，比較少受到管理。在這部分顧客覺得有人聽他們說話，自己是受到重視的。顧客願意多花一點錢來得到這種受重視的感覺。對於顧客來說，覺得受重視和覺得有價值，是同樣重要的兩件事。單純化，既可降低成本，又可提高價格。

關於不採取行動的最蹩腳藉口

當經理人見到80／20法則所分析出的結果時，他們常常辯稱，他們不能只專注在一個最賺錢的區隔上面。他們說，比較不賺錢的區隔，對於經常性的管銷開支來說，是有貢獻的。這真是我聽過的最蹩腳也最自以為是的藉口。

如果你專注在一個最賺錢的區隔上，你可以使它快速成長，一年成長百分之二十或甚至更多。請記住，**在區隔市場中最先卡位和取得顧客參與**是強大的力量，比你必須全面推動企業成長來得簡單，若你在這方面做得好，很快就可以不需要其他不賺錢的區隔來分攤管銷支出。

其實你也不必多等，直接就把討厭的開支給刪掉。如果你真的很有意願要刪，你就可以做到。較不賺錢的區隔可以賣掉，不要管它們能分攤開銷之類的事（千萬別理會會計人員哭訴。很多開支都只是紙上數字，而非實際現金支出。就算真有現金支出，通常很快也會賺回來）。第三種方式是在區隔之中賺錢，刻意失掉市場占有率。這是獲利最高的方式。放掉較不賺錢的顧客或服務，刪去全部的支援和銷售系統，提高價格，讓營業數字掉個百分之五到二十，而你仍然能笑著進銀行。

追求最單純的百分之二十

最單純且最標準化的事物，比複雜的事物更有產能，也更能有效運用成本。不管是對於共事的人、消費者或供應商來說，最單純的話最好聽，也最放諸四海而皆準。同時，單純的結構和流程最吸引人，成本也最低。讓顧客直接進入你的業務裡面，例如自助式的服務，這會增加選擇，創造經濟，帶動速度與消費。

試著在每一項產品、每一句行銷文案、每一種銷售管道、每一個產品設計、每一次服務或顧客回饋中，辨認出哪些是這單純的百分之二十。培養出這單純的百分之二十。一次又一次修改調整，務求盡可能單純。想辦法在全球通行的基礎上，把傳送一項單純產品或服務的過程做到標準化。不管周遭的喧囂、噓聲或警告。把這單純的百分之二十做到最高品質，最一貫。**一有什麼東西變複雜了，就把它單純化。如果不能弄單純，就去掉。**

康寧公司的經驗

一家陷入危機的公司，如何運用80／20法則來簡化，並增加獲利？康寧（Corning）公司的經驗是個絕佳的例子，值得研究參考。康寧公司生產汽車排氣系統用的陶瓷基礎底層（substrate），在美國俄亥俄州的葛林威爾（Greenville）和德國的凱瑟思勞頓（Kaiserslautern）有兩處工廠。③

一九九二年，康寧在美國的業務情形很糟，九三年在德國的市場急遽衰退。康寧公司的高階主管沒有因此慌了手腳，他們仔仔細細檢視自己所有產品的獲利情況。

這時候的康寧和全世界其他公司一樣，主管階層是用一套標準的成本系統來決定該生產什麼產品。但這套標準成本系統無法區分出產品的產量高低，也就無法顯示各產品的獲利情形。而這正是要運用80／20法則來改善的部分。我們把各種支出，如超時、訓練、設備更新和停機等變數加以分攤。結果令康寧大吃一驚。

舉德國廠的兩個產品為例。一個姑且叫做R十，這是高產量，單純對稱造型的陶瓷基礎底層；一個叫R五，產量低很多，是個造型奇特的產品。R五的標準成本比R十高百分之二十，但是把為了生產R五所發生的工程支出等全部算進成本之後，成本竟然比R十高五千倍！

仔細一想，這數字是可信的。因為R十根本是自己照顧自己，而R五需要花錢養高價值工程師來生產，讓它依顧客指定而量身製造。因此，如果只生產R十，就不需要那麼多工程師。他們依此進行。把產量低、不賺錢的產品去掉，工程產能省下百分之二十五。

50／5法則

在康寧所進行的分析，很自然地發展成一個80／20法則的同類：50／5法則。依照50／5法則，一家公司百分之五十的顧客、產品、組成成分和供應商，只能帶來不到百分之五的利潤。擺脫掉這低產量（且屬負面價值）的百分之五十，是降低複雜度的一大關鍵。

50／5法則在康寧是成立的。在他們葛林威爾廠的四百五十項產品中，一半的產品加起來共占了百分之九十六．三的獲利率，另外一半的產品只占百分之三．七。在德國廠這邊，低產量的產品約占總銷量的百分之二到五，依時節而略有不同。

多了反而糟糕

追求量的增加，最後會陷入慘境。量的增加，造成邊緣性質的產品和顧客，並造成管理上的複雜。由於複雜對經理人來說是既有趣又有成就感的事，它通常被容忍甚至受到鼓勵，到最後公司負擔不起了才會驚醒。在康寧，工廠裡滿是不賺錢又複雜的業務。為了解決問題，他們把產品減為一半，他們原有一千家供應商，但其中兩百家占全部供應量的百分之九十五（95／20法則）。整個組織經過重整減肥，變得有效率且精簡。

在市場低迷的時候，康寧的情況好轉。聽起來矛盾，但事實的確如此。一個較小的、較單純的運作系統，很快就穩住了獲利。少即是多。

經理人愛複雜

在這時候，很值得我們思考一個問題：複雜只會毀掉價值，但為什麼，目的是要增加獲利的營利組織竟要變複雜？

哀哉，答案之一是：經理人愛複雜。複雜是思考上的挑戰，複雜使人精神為之一振。複雜，在平日的單調規律中加入酵素，使日子變得不一樣。複雜，為經理人帶來有意思的工作內容。有人認為，就算沒人管，複雜還是會冒出來。此話誠然不假，但是經理人的確是為複雜推波助瀾，一如複雜支持他們。大多數的公司，即使是那種表面上看來是商業或資本主義掛帥的公司，都是管理的同謀，齊力對抗顧客、投資者和整個外面世界的利益。如果沒有面臨經濟上的危機，或沒有出現一個企業領導人，重視投資者與顧客甚於自己內部經理人，那麼，一定會存在著浮濫的管理活動——這種管理只便宜了當權的管理階層。④

用單純來降低成本

商業世界和人生一樣，事情總是朝著複雜的方向發展。所有組織在本質上都是沒有效率且浪費的，特別是大型和本來就複雜的組織尤其如此。他們沒有專注在應該關注的事上；他們應該在顧客和潛在顧客身上多加價值。凡無法達成這目標的活動，就都缺乏生產力。然而，大部分的大組織還是在進行昂貴的、無生產力的活動，而且這種活動的數目極其龐大。

每一個人和每一個組織，都是許多相對抗的力量協力造成的產物。而這對抗，是由許多瑣碎的不重要的勢力，共同對抗少數的但必要的勢力。這些瑣碎無用的多數，代表組織裡無所不在的惰性和無能；那些少數的必要，是可以讓組織突破的效能、優秀與適用。大多數的活動，幾乎都不能帶來價值和改變；但若干強力的干預可造成極大衝擊。這樣的對抗很難察覺，因為是同樣的人、同樣的單位、同樣的組織，既產生大量的薄弱（或負面）效果，又產生看似高價值的產出，而我們只能從整體結果來試著分辨。結果我們常常是既分不出垃圾，也看不見寶石。

所以，任何組織都可以做到降低成本，讓顧客享有更高價值，方法是把進行中的活動加以簡化，並把低價值或負面價值的活動消除。

注意以下幾點：

- 複雜會造成浪費；效能來自於單純。
- 大部分的活動毫無意義，構想上了無新意，執行上造成浪費，對於顧客來說，通常是毫無關聯的。
- 有一小部分的活動極有效，在顧客眼中很有價值。這些不是你所想的活動，它們通常是看不見的，被掩埋在一大堆較無效的活動之中。
- 所有組織都同時擁有兩股力量，一是缺乏生產力的，一是高生產力的：這些勢力是人、關係和資產。
- 不及格的表現，總是在固定的一些地方出現，也都躲在一小群優良表現的庇蔭之下。
- 總是有大改進的空間，只要改一下做事情的方式，並且少做一些。

把80／20法則銘記在心，只要你研究了你公司的產出結果，你極可能會發現，四分之一到五分之一的活動，等於四分之三或五分之四的利潤。擴增那四分之一或五分之一。然後擴增剩餘四分之三或五分之四活動的效能，要不然就去除掉。

用80／20法則降低成本

所有有效降低成本的方法，都用到三種80／20法則的見解：

簡化。藉由去除不賺錢的活動。

專注。專注在幾項帶動進步的關鍵動力上。

比較。比較各項事實。

第二和第三需要再加以闡述。

有所挑選

不要在每件事上都使出同樣分量的力氣。降低成本可不是樁便宜的活兒！找出最有潛力能降低成本的地方（也許是整個公司全部業務的百分之二十），然後把你百分之八十的力氣放在這裡。

卡思柏（Carol Casper）談到批發業的變化時說過：「不要被巨細靡遺的分析搞得動彈不得。使用80／20法則會有幫助。問自己幾個問題，哪些是應該解決掉的時間黑洞；在你目前的程序裡，哪些是你應該專心處理的百分之八十的進度延遲和成本；還要明白，該如何對症下藥。」⑤

康頓（Ted Compton）則說：「若想要成功，就得分清楚輕重……多數組織都可用帕列托法則來說明：百分之八十的重要部分，是用百分之二十的成本達成的……例如，太平洋貝爾公司（Pacific Bell）的顧客付款中心有一份研究發現，該中心有四分之一的時間是在處理百分之〇．一的繳付款項，而這裡面有三分之一的付款處理了兩次，有時候還不只兩次。」⑥

在降低成本或提高產品和服務的品質時，務必謹記一點：同樣的支出不表示獲得顧客同等的滿意度。花出去的錢當中，有一些極有效果，但大部分的支出與顧客所在乎的東西沒有多少關係，甚至全然無關。找出這有效果的一小部分，珍惜之，並想辦法擴增之。而後把其餘無效的部分全部拋開。

正確指出進步的地方

80／20法則可以證明，為什麼某個問題會發生，然後讓你把注意力放在最需要改進的部分。舉個簡單的例子，假設你經營一家出版社，你的進度落後預期的百分之三十。產品經理告訴你一千零一個落後的原因，有時是作者的稿子遲交，有時是校對者或做索引的人進度落後，很多時候是書寫得比原先預期來得長，書裡的圖啊表啊的資料需要更正，以及其他各式各樣的理由。

你可以找一段時間，三個月好了，仔細察看所有未能如期進行的原因。把每一次落後的主要原因都記下來，也記下相關的支出情形。

139頁列出這些原因，從最常出現的原因開始依次排列。

	原因	次數	百分比	累計百分比
1	作者修改原稿的進度晚了	45	30.0	30.0
2	作者交原稿的時間晚了	37	24.7	54.7
3	作者有太多地方要修改	34	22.7	77.4
4	數字必須訂正	13	8.6	86.0
5	書完成後，比預期的厚	6	4.0	90.0
6	校對者遲了	3	2.0	92.0
7	做索引者慢了	3	2.0	94.0
8	收到使用許可的時間太晚	2	1.3	95.3
9	排版公司的電腦出問題	1	0.67	96.0
10	排版的人在修改時出錯	1	0.67	96.6
11	編輯改變進度	1	0.67	97.3
12	根據市場因素而改變進度	1	0.67	98.0
13	印刷廠改期	1	0.67	98.7
14	排版公司失火	1	0.67	99.3
15	與排版公司有法律糾紛	1	0.67	100.0
總計		150	100	100

出版社進度未能如期之原因

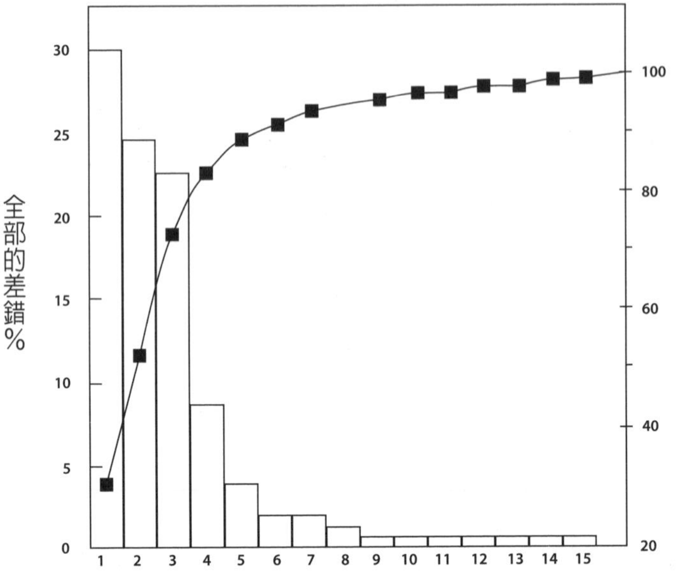

出版社進度未能如期之原因的80/20圖

本頁的圖則是把上表換成一張圖。先把十五項原因按比例順序排列，再把各原因出現的次數放在左側垂直方向，把累積的百分比列在右側的垂直方向。出來的圖很驚人。

我們從本圖可看出，十五個原因中的三個（亦即百分之二十），占去全部問題情況的百分之八十。累計比例的線，從前面五個原因之後很快就趨平坦，也就是屬於前面說過的「無用多數」。

最主要的三個原因都與作者有關。為解決這方面的困擾，出版社可以在與作者簽約時，在合約裡加上一條條文，載明若因作者交稿延遲或修改太多因此造成延遲，必須由作者負擔。一個小小的修正，可以去除百分之八十的問題。

有時候，根據財務上的情形來畫出圖，效果比光提出原因來得有力。方法也如上所述。

比較表現

80／20法則認為，在一些高產值的部分之外，總也有許多低產值的部分。這樣的洞悉，在過去三十年裡，出現在所有能成功降低成本的方法中（通常也用到了80／20法則），來比較各產品或服務的表現。這些方法都以改進大多數無甚進展的表現為要務，追求能達到最好（有的追求百分之九十，有的百分之七十五，而通常在百分之九十到七十五之間），若做不好，就去掉。

本書不是要談這些降低成本的方法，諸如邊際效益、最佳表現、企業重整之類的。但這些方法都是80／20法則的擴大運用，如果（如果！）徹底執行都能帶給顧客高價值。然而，這些方法總是形成一時流行，但在變成當紅的管理趨勢一陣子之後，就歸於沉寂。它們如果能在80／20法則的脈絡下思考，便會有極高的成功機率。80／20法則可以帶來根本的改變：

- 公司業務的一小部分是有用的。
- 顧客所感受到的價值感，很少是有規則的反應，也都不平均。
- 想向前躍進，需要測量並比較顧客感受到的價值感，也要知道顧客願意花多少錢來買這價值感。

單純所含有的力量

商業活動是浪費的，而浪費與複雜是互相滋養維持的，所以單純的業務總是比複雜的業務好。規模通常是有用的，對於任何一種程度的複雜來說，業務大一些總是好的。最好是又大又單純。

想創造出很棒的事物，方法是創造出單純的事物。凡真正想要讓顧客享有更好價值的人，藉著減少複雜就能做到。大型的企業總是塞滿過客：不賺錢的產品、流程、供應商、顧客，以及——最重量級的——經理階層。這些過客妨礙商業的演化。欲進步，就需要單純；單純來自毫不留情。所以說，單純是美，且極罕見。

6 最重要的客人

某些顧客永遠是對的

專注在百分之二十的顧客身上，
比照顧百分之百的顧客來得簡單。
你不可能做到以百分之百的顧客為重；
但你可以珍惜那些核心的百分之二十的顧客。
而你必須先知道這些人是誰，才談得上以他們為目標，
然後提供很炫的服務給這百分之二十，
永遠保住這些最重要的客人。

「成功的人若分析自己成功的原因，就會知道，80／20法則是成立的。百分之八十的成長、獲利和滿意，來自於百分之二十的客人。公司至少應知道這百分之二十是誰，才會清楚看見未來成長的前景。」

馬納塔拉（Vin Manaktala）①

能不能提出一套恰當的行銷手法，並且符合公司整體策略，包括配合整個生產與運送的過程，80／20法則是至關重要的。以下將會說明如何做到。但一開始，我們必須先清除一大堆關於工業化和市場的偽知識。例如大家常說，現在我們置身後工業時代，公司不應以產品為導向，而應以市場為導向，以顧客為重心。這樣的說法最多只說對了一半。以下先回顧一番過去的經驗，以解釋為什麼這說法只對了一半。

從福特以來的豐饒

最開始，多數公司把重點放在市場，也就是他們的主顧客：行銷不是一項單獨的功能或活動，但小公司總能確定他們照顧到顧客了。

然後工業革命發生，產生了大企業和專業分工，也有了生產線。大企業傾向於先應付大量製作的低成本產品的生產，而把顧客需求擺一邊。福特說過一句很有名的話：顧客可以擁有任何顏色的T型汽車，「只要那是黑色」。一直到五〇年代末，各處的大企業全是產品導向。

今日的行銷人員和企業人，當然會瞧不起過去產品導向的做法。事實上，福特式的方法是適合他那個時代的；但今日富裕的消費社會，著重的則是一方面要簡化產品且降低成本，一方面要讓產品看來有吸引力。從低成本的工廠，持續生產出愈來愈「高階」（或換個可怕的字眼，「負擔得起」）的產品，銷售的對象是被以往市場摒棄的顧客。創造出大量生產的市場之後，也製造出空前的購買力，導致一個互利的發展：低成本、高消費、較高就業率、較強購買力、較高單位產量、較低單位成本……這是一個前進的循環。

由此觀之，福特不是以生產為導向的史前人類，倒是位有創意的天才，宣告了向庶民提供服務的開端。一九〇九年時，他說他的任務是要「讓汽車平民化」。在那個有錢人才買得起車的時代，這目標簡直可笑。而T型汽車是大量生產的，價格只要當時車價的幾分之一，這讓事情動了起來。不管這是好事或壞事——就整體來說是好遠多於壞——我們享受到福特世界所帶來的豐饒。②

大量的工業化和創新，沒有就此停下。從冰箱到索尼（Sony）隨身聽到光碟，不是光做了市場研究就製造得出來。十九世紀的人，不可能需要冷凍食品，因為他們沒地方貯放冷凍食品。從發現了火和造出車輪以降，人類所有重大的突破都是生產上的大勝利，而後創造出自己的市場。說我們現在置身後工業時代，簡直胡說八道。在這所謂的工業紀元，服務也和實體物質的產品一樣，走上工業化的路。零售業、農業、語言、娛樂、教學、清潔業、旅館業，甚至餐飲業，這些在過去都是專門行業，並屬於私人享有的範疇，無法工業化，無法輸出。現在，這些全都快速工業化，某些甚且已成為全球性的事業。③

六〇年代重新發現市場，九〇年代重新發現顧客

生產導向的做法，以製作產品、擴大產量和降低成本為重點。生產導向的成功，事實上凸顯了產品自身的缺陷。在六〇年代早期，商學院的教授，例如里維（Theodore Levitt），告訴經理人要以市場為重。他在《哈佛商業評論》（*Harvard Business Review*）上登了篇文章〈行銷近視〉（Marketing Myopia），鼓勵產業應追求「顧客滿意」，而非追求好的製造。這話猶如電擊。商界人士忙不迭要贏得顧客的心，而市場商學研究和市場調查蓬勃興起，快速成長，力求了解顧客究竟喜歡什麼新產品。市場行銷成為商學院的熱門主題，行銷部門的主管取代了有生產背景的主管，成為新一代的公司最高執行長。大眾市場已死，聰明人現在談的是產品區隔與顧客區隔。時間推近一些，到了八〇與九〇年代，顧客滿意、以客為先、客人高興就好、客人即一切等等，變成是最開明和最成功的企業掛在嘴上的目標。

顧客導向是對的，但有危險

以市場為導向並以顧客為重，這做法是對的，但也可能造成危險甚至致命的副作用。如果一

家公司旗下的產品伸向太多領域，或因太執迷於顧客導向，而形成愈來愈多的邊際顧客，單位成本反會升高而獲利降低。產品範圍一旦變大，管銷支出會急速增加，此乃複雜所帶來的後果。在工廠方面的支出現在已低到一個程度，通常不到產品銷售價格的百分之十。公司的開銷絕大多數不在製造廠，但如果產品範圍太寬，這些開銷會是很駭人的。

同樣的，追逐太多顧客會擴大行銷和銷售成本，造成後勤系統的開支。而最危險的是非常可能會降低普遍行情，對於新舊顧客來說都如此。

80／20法則在這裡就非常重要了。它可以綜合產品導向和市場導向兩種方向，讓你專注在有利潤的行銷和以顧客為重的做法（哪像今日，以顧客為重的做法不賺錢）。

80／20行銷福音

一家公司應專心照顧「恰當」的市場和顧客，而這些通常是公司已擁有的顧客中的一小群。依傳統的行銷導向和以顧客為重的做法來看，這數目通常是百分之二十。

以下是三大金科玉律：

- 你的行銷方式和整個公司，應該集中精力做出一項極其出色的產品或服務，使之在現有的全部產品線中占百分之二十。這一小部分會生產百分之八十的利潤。

- 你的行銷方式和整個公司，都應該在共占全公司百分之八十營業額的那百分之二十顧客身上，付出極多力氣來讓他們覺得開心，並想辦法永遠留住他們。
- 生產和行銷真的沒有衝突。若你行銷的東西夠與眾不同，而且那東西對你的目標顧客來說是在別處買不到的，或是說在你這兒得到的整套產品／服務／價格，比別處更有價值感，你才會成功。這樣的情況，在你現有產品線上不會超過百分之二十，但這百分之二十可能可以給你整個公司百分之八十的利潤。如果你公司裡沒有一項產品符合上述的成功條件，你只好開發一項能符合條件的新產品，這時候，你的行銷人員就必須變成產品導向。所有創新必是產品導向；你的創新一定是為了生產一項產品或提供一項服務。

在某些區隔裡以行銷為導向

若考量了每一項產品包含管銷費用在內的所有成本後，你所有產品的百分之二十，會占你總營收的百分之八十；更可能占總利潤的百分之八十。美國加州零售店Raley's的美容商品採購人員說：

「利潤的百分之八十，來自你產品的百分之二十。（對於零售業者來說）問題是，另外的百分之八十當中，你（在不失去業界地位的情況下）能丟開多少……你去問賣美容商品的人，他們說那一定有損業務。若問零售業者，他們則會告訴你，刪掉一些應該沒問題。」④

因此，合理的處理方式是把這最賺錢、賣得最好的百分之二十擴大，而把其他銷售情況不佳的產品除去。可以邀供應商配合，在店裡針對這百分之二十做促銷。我們前面說過，永遠會有理由冒出來，告訴你說，你需要那百分之八十不賺錢的產品——在這個例子裡，理由是「怕失去在業界的地位」。類似這樣的藉口，出自一種奇怪的看法：消費者會分心去看一大堆無意購買的產品。在實驗這說法是否屬實時，一百次裡有九十九次，把邊緣性質的產品從清單上剔除，不但能增加獲利，也一點兒不影響顧客的認知。

一家生產汽車美容商品——蠟、上光劑及其他洗車用品——的公司，藉由洗車來銷售自己的產品。聽來很合邏輯，因為洗車行老闆一定也願意在他店裡多餘的空間擺售這些商品，藉以小賺一筆。汽車美容商品公司想著，洗車店一定會把商品擺在絕佳的位置，並努力銷售。

這家公司果然把產品賣給了洗車店。但當依照新的管理方式做了詳盡的全面分析後，發現「出現了80／20法則所說的情形」。⑤新的總裁巡視了五十家賣他公司產品的洗車店，發現他的產品被放在角落或很糟糕的位置，沒有好好照顧，缺貨也嚴重。

新總裁對著洗車店老闆發表長篇大論，要他們鼓起勁兒來，以正確方式陳列產品。結果無效。其實，這家公司應該只管那賣得好的百分之二十洗車店就好了，去了解這百分之二十的店什麼地方做對了？能不能在這部分多做一些？如何多找到一些這樣的店？而由於成功的洗車店屬於大型的連鎖系統，他們就應該加強這些連鎖系統，而別想著要改善獨立經營者的部分。

對某些顧客採取「以客為先」態度

集中注意力在占少數的好產品上是重要的，但更重要的是應關注占少數的最佳顧客。許多專業行銷人士現已有此認知。可以舉幾個例子來說明，例如在電信業。

哈里森（John S. Harrison）曾在一份電信刊物上撰文指出：

「把精神放在真正造成競爭威脅的地方。在大多數的情形裡，80／20法則是成立的：百分之八十的營收來自百分之二十的顧客。找出那些帶來多數營收的顧客是誰，並想辦法滿足他們的需求。」⑥

在合約的管理上亦然。川菲奧（Ginger Trumfio）在一篇題為〈建立關係：合約管理〉（Relationship Builders: Contract Management）的文章裡談到：

「記住古老的80／20道理。與那占總人數百分之二十，但給了你百分之八十利潤的顧客保持緊密聯繫。每個星期天晚上，瀏覽一遍合約檔案，看看哪些人你許久沒合作了，寫下他們名字，寄張卡片，或打個電話。」⑦

自一九九四年起，美國運通（American Express）辦了許多活動，以增進與加盟商店的關係，並加強與在這些商店中占最高消費的顧客的關係。美國運通公司在南佛羅里達州的營業主管威瑞（Carlos Viera）說：

「這是古老的80／20法則：你業務的主體，來自你市場的百分之二十。」⑧

成功的行銷別無他途，唯專注於一群占總顧客群少數，但最主動消費你產品或服務的顧客。有一小群顧客是買很多的那種人；有一大群顧客是買很少的人。買很少的這一大群人可以不管。消費能力強且消費頻率又高的顧客，才是核心顧客群，而他們才是重要的人。例如，擁有WQHT和WRKS兩家大廣播電台的艾美廣播公司（Emmis Broadcastingg），專門針對核心聽眾舉辦行銷活動，希望刺激他們多花一點時間聽廣播節目：

「他們現在每周花二十五個小時收聽自己最喜愛的廣播節目，過去他們只花十二小時……我們在自己的所有電台都依消費的80／20法則來做事……我們抓住每一個目標聽眾，而且盡可能吸引他們來聽，十五分鐘也好。」⑨

專注在百分之二十的顧客身上，比照顧百分之百的顧客來得簡單。要以這百分之百的顧客為重是做不到的；珍惜這屬於核心的百分之二十顧客，則較輕鬆就能做到，而且這麼做極有用處。

鎖定顧客四步驟

你得先知道這些人是誰，才談得上以他們為目標。當一家公司的基本顧客群是可以知道數目的資料庫時，便可以一個一個顧客處理。若你的公司擁有幾十萬甚至幾百萬名的顧客，你就必須知道你的主顧客是哪些人，以及經常購買且購買額高的顧客是些怎樣的人。

其次，你要**提供特別或甚至「很炫」的服務給這百分之二十**。企業顧問蘇力文（Dan Sullivan）認為，若想創造出一家超級的保險公司，「你要建立起二十個關係，用服務把他們保持住——不是一般的服務，不是好的服務，而是很炫的服務。你要盡可能預知他們的需求，而不是他們提出需求了，你才像出緊急任務似地衝過去。」⑩重點是，你要提供令人驚喜的服務，而且不是出於職責所做的服務，也不採用當前業界共通的做法。這麼做也許會造成短期的支出，但長遠來看，絕對有價值。

第三，**針對核心顧客來發展新服務或產品，特別為他們量身製作**。為了增加市場占有率，務必想辦法多賣東西給你現在這些核心顧客。一般來說，這不單是銷售技巧的問題，也不只是把現有產品多賣一些給他們，雖然說針對常客辦的活動通常回店率總是很高，並且就短期和長期利潤來看獲利都很好。但更重要的是在現有產品上力求進步，或開發顧客要的全新產品。可能的話，就與你的核心顧客一同開發。

最後一點，你應當**致力於永遠保住你的核心顧客**。他們是你的金主，少一個，你就損失一些。因此，花許多力氣保住核心顧客，乍看似乎他們使你的獲利受損，但過一段時間，一定能有實質收穫。藉著鼓勵顧客多消費，可以增加短期獲利。

然而，利潤只是一張「記分卡」，在事後測量出一家公司健全的程度。真正能測量一家公司健全度的，是這家公司與它的核心顧客之間的關係有多深，能多長久。顧客對一家公司的忠誠度，在任何情況下都是刺激獲利的基本因素。一旦你失去顧客，你的業務就從底層開始破裂，不管你如何在表面上做工夫試圖掩蓋。如果你的核心顧客群已離你公司而去，就快把公司轉手賣掉，或是請管理者走路，若你自己是老闆，就炒自己魷魚，然後想辦法把核心顧客贏回來，至少要做到顧客不再流失。反過來說，如果你的核心顧客很開心，你的業務自然能成長。

必須全公司上下一心，共同服務核心顧客

唯有把焦點放在占百分之二十的核心顧客身上，才能讓行銷成為公司的主要程序。我們在檢視了從生產導向到行銷導向的轉變後觀察到，今日之所以出現過度的行銷導向，是把全部的顧客都當做重點，而非只專注在其中百分之二十的人身上。對於這核心的百分之二十來說，絕無所謂的過度，你就算在這些人身上把預算花光，精力耗盡，到頭來你會發現，你獲得絕佳的回報。

你的公司無法把注意力集中在所有的顧客身上，但可以做到專注於其中的百分之二十。而這

份關注的工作，就落在行銷人員肩上。但像這類的行銷工作，也是全公司每個人分內的事。公司裡任何一個人——看得見和看不見的人——所付出的力氣，顧客都會感受到，並以此為判斷的依據。就這點來說，80／20法則可以為你開拓新境界，它是行銷過程的核心，它能使行銷成為公司的中心，它也使得行銷成為公司每一個人的事。對於全公司的成員來說，行銷指的是讓這百分之二十的顧客比過去更高興。

銷售

銷售是行銷的近親，因為銷售是與顧客溝通的第一線活動，也是傾聽顧客的最前線工作，而溝通和傾聽一樣重要。接下來我們會看到，80／20式的思考方式，對於銷售的重要性一如它在行銷上的重要性。

想要在銷售上有優異表現，你就不能再以平均數的方式思考，而得改用80／20式的思考。「平均銷售表現」是非常容易產生誤導作用的。有些銷售人員每年業績可達十萬英鎊（約合五百萬台幣），但絕大部分的銷售人員勉強做到和自己薪水差不多的業績。所謂的「平均銷售表現」，對於這大部分的銷售人員及他們的老闆來說，等於是無意義的。

我們把銷售力與銷售表現拿來做一個80／20式的分析。我賭你會發現，在銷售數字和銷售人員之間有一個不平衡的關係。多數研究都發現，居前百分之二十的銷售員，總共獲得百分之七十至八十的利潤。⑪對於不知道在生活中有這種80／20關係存在的人來說，這項結果很令人嚇一跳。而對於商界人士來說，這可是一項讓你得以快速賺錢的關鍵認知。就短期而言，這一項認知比任何其他因素都更與獲利有關。

為什麼在銷售上也出現80／20法則？我們又能做些什麼？

每個銷售員的業績差異這麼大有兩類原因。第一類涉及純粹個人銷售力的績效問題；第二類則是以顧客為中心的結構性問題。

銷售人員的表現

假設你分析的是你最近一次的業績，而你果然發現，你手下百分之二十的人員，共產生百分之七十三的利潤，接下來你該怎麼做？

你該**緊緊守住這些個表現良好的人員**，這話聽來理所當然，卻常常不受重視。你不該還想著老教訓，認為東西沒破就不必動它。它是還沒破，但請你務必確定，它將來不會破。前面說過，守住你的顧客是最重要的事，而第二樁重要的事，就是守住你的頂尖銷售員，讓他們覺得開心，而這不是為了賺錢而已。

接下來，**多雇用一些這類的銷售人員**。不見得是擁有同樣條件的人，個性與態度才是重點。把你的頂尖銷售員集合在一塊兒。仔細觀察他們有哪些共通處。或者，就讓他們去找到那些和他們相像的人。

第三，**試著找出這些頂尖銷售員在什麼情況下賣最多，而那時候他們做了些什麼特別的事**。80／20法則既適用於時間，也可應用於人身上：每位銷售員百分之八十的業績，是在他們百分之二十的工作時間裡面締造的。試著辨認出何時是這種所謂好運連連的時刻，又為什麼會出現這種時刻。麥凱（Harvey Mackay）把這一點描述得很棒：

「如果你屬於銷售的行業，回想一下過去你最好運的時刻，在那一星期裡你做了什麼不一樣的事嗎？我不曉得棒球選手和銷售員比起來誰比較迷信……不過，成功的棒球選手和成功的銷售員都有一個傾向，他們在自己表現極佳的時候，都會注意自己所處的情況，並且非常、非常、非常小心不去改變眼前情況。但若你是銷售人員，你可別和棒球選手一樣，在好運當頭的時間裡都不換內褲。」⑫

第四，**公司上下都要採行產值最高的方法**。有時候是做廣告，有時是登門推銷，有時郵寄信函，有時是打電話。能把時間與金錢做最佳運用的方式，就多做，你當然可以做一點數字分析，來確認哪些是最能發揮時間與金錢效益的方法，但你不妨直接觀察頂尖銷售員的做法。

第五，**把一個在某一範圍做得不錯的小組，和另個在另一範圍做得不好的小組交換位置**。當做是在做實驗，因為這麼做，你很快就會知道，原先表現好的小組，能不能克服結構上的困難。如果好的小組能克服原先困難範圍裡的問題，而原先表現較差的小組在換了負責範圍後仍失敗，你去問較佳的那一組，該怎麼辦。答案很可能是把兩組人員打散，各分配幾個到另一組。

最近，我有一個客戶的國際工作小組成績非凡，但他負責國內工作的小組士氣渙散，市場表現節節下降。我建議他前述這種分組方式。客戶公司的總裁反對，他認為出口的事務需要用到語言能力，若讓這些人處理國內事務，未免浪費了他們的語言天分。後來他終於同意，叫原先負責國內事務的人走路，而重組國際事務這邊的人力，調一個這組的年輕人去主持國內事務。突然，本來兵敗如山倒的市場劣勢不再下滑。當然，這樣的安排不是次次都能奏效，但就銷售來說，失敗通常會造成更大的失敗。

最後一點，關於銷售人力的訓練。「花力氣去訓練表現差的那百分之八十人力，期望他們受訓後能提升表現，到底值不值得？會不會這只是浪費時間，因為這群人不管再怎麼訓練，都註定要被淘汰？」⑬就和任何一個問題一樣，問問你自己，在這個問題上是不是也能運用80／20法則。我的答案如下：

- **唯有那些你打算留在身邊幾年的人員，你才訓練。**
- 找頂尖的銷售員來訓練他們，而根據受訓人員的表現來獎勵這位銷售明星。
- 在第一階段的訓練之後，取受訓人員中表現最好的百分之二十，把百分之八十的訓練計畫放在他們身上。表現居後的百分之五十，就不要再花力氣了，除非你認為繼續嘗試日後能有回收。

許多銷售表現的確取決於銷售技巧，但許多時候不然，而若是結構上的問題，可以用80／20法則來觀察。

不只是好的銷售技巧

80／20法則可以為你辨認出結構上的原因，而這是一己之力無從做到的。提出結構上的原因比提出個人因素容易開口，更好的是它也比較好處理。這有一大部分賴於所欲銷售的產品，以及所欲提供給顧客的服務。

山德思（Robert E. Sanders）說過：

「看看銷售力。我們發現，我們百分之二十的銷售人力，帶來百分之七十三的利潤；百分之十六的產品占我們營利的百分之八十；同樣的，我們顧客中的百分之二十二，給了我們全部營利的百分之七十七……

「再仔細看一次我們的銷售力，我們發現，某黑色項目擁有一百位主顧，其中二十位占去黑色項目全部業務的百分之八十。某綠色項目的業務範圍跨越一百個郡，而我們發現，這個項目裡的百分之八十的顧客，集中在二十四個郡。某白色項目銷售三十個產品，其中六個產品占總業務的百分之八十一。」⑭

我們已強調了80／20法則在行銷上如何用於產品和顧客。所以，主管銷售事務的人應該：

- 把每一位銷售員的精力，都**集中於銷售那些生產百分之八十利潤的百分之二十產品**。讓最能賺錢的產品，比不能賺錢的產品有四倍高的獲利能力。視銷售人員賣出最能賺錢產品的情況來獎勵他，而不要看他賣出不賺錢產品的情形。
- 要每一位銷售員**專注在能帶來百分之八十利潤的百分之二十顧客身上**。教銷售員依顧客的消費數目和帶來利潤的程度排出順序，要銷售員務必把百分之八十的時間，放在排名前面百分之二十的顧客身上，就算這樣做表示他們得忽視其他不重要的顧客。

  在這些占少數但帶來多數利潤的顧客身上多花一些時間，會讓銷售員的業績增加。如果愈來愈沒辦法把現有產品多賣一些給顧客，那就該提供較好的服務，以維持現有業務，也可同時觀察核心顧客喜歡哪些新產品。
- **把居最前面幾名的顧客，不必管區域的問題，都交給同一組銷售人力照顧**。最好多一些全國性的顧客，而不要只是地方性的顧客。

  過去，能夠擁有全國性顧客的公司，是那種擁有專職負責某項產品的採購顧客，而這家公司只賣產品，不管該產品將銷往何處。因此，很合理的，這位買客就交給一位資深銷售人員來關注。但是情況逐漸改變，大的客人應該視如全國性顧客，由一位專人或專門小組來負責，就算也許仍有地方性的銷售點。

組合國際電腦公司（Computer Associates International）裡，主持美國業務的資深副總裁齊雅瑞洛（Rich Chiarello）認為：

「我要從居前百分之二十的組織中，獲得百分之八十的利潤。我會把這百分之二十的公司當做全國性的顧客。我不在乎一位業務代表有沒有在全美各地飛來飛去，只要他有顧客，而我們要認識這顧客公司裡的每一個人，然後擬好計畫，把我們的產品賣給他。」

- **把成本降低**。對於次要的顧客，只用電話溝通即可。關於銷售力常常有人提出一項抱怨：縮小關注範圍，或是在大顧客身上多花時間，會使得若干業務範疇的顧客增為原來的兩倍，而這是無法照顧的。解決對策之一，是放棄一些交易，不過這是最不得已時才用的方式。較好的方法，多半是把這共占百分之八十的小顧客集中起來，以電話進行銷售和訂購，比起面對面的親身銷售，這是較有效率的方法，成本也較便宜。
- 最後一點，要銷售人員前去**探視過去曾帶來好生意的老顧客**。也許是登門造訪，也可以是電話問候。這方法的效果好得出奇，卻受到冷落。一位對你公司覺得滿意的老顧客，非常可能會再向你買東西。一家企業策略顧問公司的創立人比爾．貝恩（Bill Bain），他過去曾經在美國南方幾個州挨家挨戶推銷聖經，有一段時間銷售情況很糟，根本沒人買。然後他看見了自己原本的盲點。他回頭向已買過的一位婦女推銷，結果又賣出一本！

另一位也使用這方法的人，是一位美國數一數二的房地產仲介——巴爾森（Nicholas Barsan）。巴爾森是羅馬尼亞裔的移民，每年獲得的佣金達美金一百萬元，其中三分之一來自同一群客戶。巴爾森是真的一家一家上門拜訪，詢問這些擁有房子的人要不要賣房子。

運用80／20法則之後在結構上造成的影響，可以化腐朽為神奇，使原本表現平庸的銷售員搖身一變成為明星銷售員。經改善後已有進步的銷售力，可以立即帶給一家公司看得見的改變。更重要的是，當你的銷售人力是精力充沛且自信滿滿的一群人，願意提供最佳產品給核心顧客，還願意傾聽顧客真正的需求，長期下來，將會對市場占有率和顧客滿意度有長足的好處。

關鍵少數

有些顧客屬於關鍵性的少數；大部分的顧客則不重要。有些銷售人員的生產力高得驚人；有些只會替你賠錢。

把行銷和銷售的重點，放在你能為關鍵少數提供獨特產品的地方，而且必須是別處找不到的產品，而你能從中獲利。成功的企業，其成功都來自這麼一條簡單的原則。

7 另外四大運用

決策・庫存・專案・談判

80／20法則幾乎可應用在任何領域，藉以導正策略，帶來財務榮景。

在前面幾章，討論過它在策略、品質、降低成本等範疇的運用，而它還可以幫助你快速做決定，有效管理庫存，正確規畫專案，掌握談判重點。

80/20法則的應用多到不可勝數，幾乎可用在任何領域，藉以導正策略，帶來財務榮景。所以，我接下來所列出的十大商業應用，只代表我個人的選擇。羅列這份順序時，我一方面考量了商業界過去以來運用80/20法則的程度，二方面加入了我個人的意見，提出80/20法則的潛力可再加以發揮之處。

80/20法則在商業上的十大運用

一、策略
二、品質
三、降低成本與改善服務
四、行銷
五、銷售
六、資訊科技
七、決策與分析
八、庫存管理
九、專案管理
十、談判

我們在前面幾章已經談到這名單裡的前六項：第四與第五章談策略，第三章談品質與資訊科技，第五章談降低成本與改善服務，第六章談行銷與銷售。在這一章我們要談其餘四項。

決策與分析

做生意就是在做決定；時時在做，速度要快，而通常你做決定的當下並不完全確定，自己所做的決定是對是錯。從一九五〇年迄今，管理學院、會計公司和顧問公司所培育出來的專業管理者和經理人，大有裨益於商業界（也許你認為是害慘了商業界）。這些專業經理與管理者，可以就任何問題進行分析，這些分析通常輔以大規模的資料蒐集，且所費不貲。這一門叫分析的學問，可能是過去五十年來在美國成長最快速的行業，而對於若干偉大的美國成就來說，如登陸月球和波斯灣戰爭中的炸彈投擲，分析確實是貢獻良多。

英美大企業過度使用分析技術

然而分析有其愚昧之處：企業內雇員增加，直到近年才裁撤多餘人員，而企業減肥才是正確做法；企業跟著以數字掛帥的顧問走，熱中於眼前潮流；又如在股市裡，大家迷上了用日益精細的分析來計算出短線獲利，然而這只抓到某公司真正價值的一小部分；再如，放棄了從最前線的直覺而來的自信——特別是這一點，不但導致了公司在分析之後似乎一切癱瘓，也使得西方大企業往壞的方向改變。分析，趕走了企業遠景；分析師也把有遠景的總裁或最高執行長從位置上踢開。

簡而言之，好東西用太多也會出問題。英國和美國把分析應用在錯誤的地方了：在私人領域用太多，在公共領域用太少。我們不需要那麼多的分析，只要用到有效的分析。

80／20法則讓分析物盡其用

80／20法則是分析式的方法，但請記得它的主要教誨：

- 關鍵的少數與無用的多數：只有很少的事物能真正產生有用的結果。
- 所付出的努力中，大多數並不知目的為何。
- 你所見到的通常不是你所能得到的；會有其他潛藏的力量在暗中起作用。
- 若想弄清楚事情為什麼變成眼前的樣子，實在太複雜，也不必要。你只要知道那些事物是否能派上用場，如果它沒有用處，就去改變它的成分組合，讓它有用。然後保持這些成分組合，一直到它又使不上力時再改進。
- 大部分的好事得以發生，都是因為擁有一點點的高產能力量；大部分的壞事之所以出現，則都是因為那只占一點點的高度破壞力所致。
- 大部分的活動，不管就整體而言或個別而論，都是浪費時間。對於所欲達到的目的而言，這些活動並無實質貢獻。

決策五規則

規則一：**真正重要的決策並不多**。在做任何決定之前，先想像你眼前有兩個公文匣，一個標上「重要」，一個標上「不重要」。你在腦中分類，但要記著，二十件裡只有一件會放進「重要」那一匣。分類之後，不要再為不重要的決策傷腦筋，更千萬不要花大錢費事兒去做分析。盡可能把這些不重要的事授權給部屬決定。如果無法授權，就想想哪個決定有百分之五十一的勝算。再不然就丟銅板吧。

規則二：**最重要的決定多半是由老天授意的**，因為轉捩點的來去是無從察覺的。比方說，你最主要的顧客認為你不夠細心，沒有發現他的不滿，所以離你而去。或是競爭對手開發出新產品，而你認為新產品的概念錯誤，毫無勝算。或是由於配銷的通路改變，使你不知不覺就失掉了主導的市場地位。或是你發明了一項新產品，產品小有成功，但隨即有人用一個近似的產品大賺了一筆。又或是你研發部門的一個傻蛋，忽然離開，開了一家叫微軟的公司。

發生了這類的事，你就算蒐集再多資料，做再多分析，也無助於釐清問題或找出機會。這時候你需要的是直覺和眼光，看到問題點，而不要在不是問題的地方瞎忙。唯一能讓你有機會辨識出關鍵性轉變的方法，是在一個月裡的某一天，完全拋開資料數字和分析，然後問自己下列問題：

- 哪些極有影響力但未明就裡的問題或機會，是在我不注意的情況下就冒出來的？
- 哪些事物本不預期有好表現卻意外有好表現？哪些我們不經意提供給顧客的東西，讓他們覺得感激？
- 哪些事物發展得亂七八糟，我們以為自己知道原因，其實我們大錯特錯？
- 重要的事物總是在沒人知道的情況下，在表象之下發生，那麼這一次會是什麼？

規則三：**在你能運用的百分之二十時間裡，蒐集百分之八十的資料，並進行百分之八十的相關分析，然後用百分之百的時間做決定，進而執行，彷彿你對這個決定有百分之百的信心。**為了方便你記註，且稱此為20／80／100／100決策法則。

規則四：**如果你所做的決定看來無效，就趁早改變。**何謂市場？最寬鬆的定義是：實務上有效的就叫市場。這解釋比什麼分析都管用。所以，不要怕做實驗，不要守著失敗的方案。別與市場對抗。

最後一條規則：**當某事進行順利時，把賭注加倍。**你也許不知道此事為什麼能如此順利，但趁著老天眷顧你的時候，盡量多加把勁兒。創業投資者深深明白這一點，在他們的投資組合中，大多數的公司表現不盡理想，但幾匹出乎意料的黑馬便足以彌補其他損失。當一家公司老是入不敷出，你心裡就要有數，選到了個蹩腳貨色。若一家公司經常有出人意表的成績，十有八九，獲利可以達數十倍甚或百倍。在這種情況下，多數人都求中庸，小有成長即足矣。而能抓到機會的人，可就賺翻了。

庫存管理

在第五章我們看到，追求單純只需少少的產品。管理存貨是另一項80／20法則衍生的訓練。依照80／20法則所進行的存貨管理，對於現金流量和利潤至關緊要，也可用來檢視公司究竟是追求單純或複雜。

幾乎所有公司都有過多存貨，這一來是因為產品太多，二來是每項產品又各有許多變數。計算存貨的單位是SKU（stock-keeping units），每一單位代表一個變數。

庫存無可避免地都依循某種80／20式的分配：庫存裡的百分之八十，通常只占獲利的百分之二十。這意思是說，出貨速度慢的存貨，非常昂貴，而且吃現金吃得兇，同時可能本來就是很難賺錢的產品。

且舉兩個例子做說明。

一篇談量販店管理的文章中提到：

「分析資料後，可以說是看見了帕列托的80／20法則：「ＳＫＵ中的百分之二十，占一天貨量的百分之七十五：這百分之二十的ＳＫＵ，泰半是大批的訂量，通常每一個ＳＫＵ都有幾單位的訂貨。其他的百分之八十，只占一天貨量的百分之二十五，每一個ＳＫＵ只有幾件。」①

這百分之二十的獲利能力極高，其他百分之八十不賺錢。

另一個例子出現在一家大型量販店引進電子系統時。這家店在引進之前，打算先觀察一下存貨是否正確：

「做了一項簡單的研究後發現，80／20法則不適用。不是百分之二十的ＳＫＵ占去百分之八十的進出貨，而是只有百分之〇．五的ＳＫＵ，占百分之七十的進出貨活動。」②

我不知道這項產品是什麼，但我敢說，這百分之〇．五的ＳＫＵ，一定比其他百分之九十九．五的獲利能力高。

另外，有一個飛來發的例子對我來說非常重要，因為輔助這家賣辦公室文具的公司，讓我賺了一筆錢。那時我有一個工作夥伴菲爾德（Robin Field），他這樣描述：

「飛來發的設計和特色（在八〇年代晚期）無甚進展，然而產品線卻擴張得不像話。光是紙公文夾就有各種尺寸和各式奇特的外皮花紋。隨便你舉出一種動物，飛來發就會有上千種以該動物外皮花色做變化的公文夾，一個一個神氣地展示在型錄裡，貯存在倉庫中。

「此外，舉凡橋牌、西洋棋、攝影、賞鳥等等各式活動，飛來發都印製成單張廣告傳單，幾萬張擺在倉庫裡。

「你當然可以想到結果如何：堆著完全無用的貨物，不但形成行政事務的負擔，零售商也搞不清楚貨品。」③

良好的庫存管理非常重要，然而真正說起來，做好庫存管理只要四個步驟（最具轉折意義的決策，其實是大刀闊斧砍掉那些不賺錢的貨品，而方法已在第三章介紹了）。

不管產品數目有多少，你都該從動得慢的產品開始處理——就把它們從產品線上刪掉。你身邊也許會有人說，這些產品雖然動得慢卻是需要的——不必理會這些話，若真的需要，它們就該動得快些。

試著把庫存管理的問題和成本，轉到附加價值鏈上的其他環節——也就是轉到供應商或顧客身上。若能讓庫存永遠不進入你公司所在的地方，當然是最理想的解決方式了。有當代資訊技術之助，這愈來愈可能做到，也可在提升服務水準的同時，還能降低成本。

最後，如果你一定要有一些存貨，還是能用80／20法則來降低成本和加速進出貨。一篇談貨物上架管理的文章中提出：

「80／20法則在許多應用上都有效，百分之八十的庫存事務，只與百分之二十的庫存有關。原本以大小和重量來做區分……現在可以依照活動量的高低來區分。整體來說，快速移動的貨品應該盡量放置在方便進出的位置，以減少移動的動作，人員也就不那麼累。」④

未來的庫存管理

長久以來，對於庫存管理的印象停留在工人穿深色外衣，倉庫空間滿是塵埃。其實庫存管理是一個蓬勃且行動迅速的領域。現在盛行在網路上進行線上訂貨，所以「虛擬庫存」（Virtual inventory）日漸流行，既降低了成本，又能提升對配銷商和顧客的服務。有一家銷售醫療用品的百特國際公司（Baxter International），以一套「貼近顧客」的庫存系統獲得成功。他們在任何情況下都以重心為行動準則：把焦點放在最重要的顧客身上，把焦點放在單純的產品線上，以單純的方式追蹤貨物、運送貨物。

80／20法則在另一個日益重要的領域也很活躍：專案管理。

專案管理

我們所認識到的管理結構，是表現不佳且每下愈況的，毀掉的價值比加進去的多。欲粉碎或避開結構問題有一個方法：以專案方式執行，這可以為重要顧客增加價值感。商業界許多活躍人士不只有一份工作，而要執行許多專案。這樣的人從高階主管到部屬都有。

專案管理是一樁奇怪的任務。就一方面而言，一項專案要動用一組工作人員，屬於合作性質，而非層級式的安排。但就另一方面而言，工作小組的成員通常不完全知道該怎麼進行工作，因為專案需要創新和臨機應變。專案經理的訣竅，在於帶領全體組員專注在少數真正重要的事上。

目標單純

首先，把任務單純化。一項專案不只是一項專案而已，一項專案一定同時牽涉幾項專案。也許專案會有一個主題，然後附帶幾個也需要關心的問題。一項專案也可能有三、四個主題。想想看，有沒有哪項專案是你一開始就熟悉，並知道如何著手進行的。

專案會依循組織的複雜原理而發展。一項專案的目的愈多，則得付出愈多努力才能達成任務——這付出不是成正比增加，而是以幾何級數的倍數增加。

一項專案的百分之八十價值，來自於百分之二十的行動。其他百分之八十的力氣，是花在解決因複雜而來的問題上，而這些複雜是多出來的。所以，在尚未理出一個單純的目標之前，千萬不要開始進行專案。先把包袱拋開。

設定一份不可能達到的時間表

這可以保證，專案小組會集中精神於高產值的事上：《史隆管理評論》（*Sloan Management review*）上有一篇文章提到：

> 「一旦面對一份看起來不可能達成的時間表，（專案成員）將會分辨，是哪百分之二十的條件能產生百分之八十的好處。而又一次，出於一種『有了也不錯』的想法，把一大堆東西加進一項本可穩當完成的專案，使得它最後泡湯。」⑤

另外迪恩（Derek L. Dean）等人也建議，「定出有彈性的目標。身處緊急狀況時，往往能激發有創意的解決方案。要求在四個星期內提出樣本，或是在三個月內做出試行方案，這會逼專案小組運用80／20法則，並確實執行之。經過計算再冒險。」⑥

行動前先計畫

進行一項專案的時間愈短，愈該把有限時間裡的大部分，花在做計畫和思考上面。當我還擁有貝恩策略顧問公司（Bain & Company）的股份時，在我們所完成的專案中做得最棒的案子（最棒，指的是客戶和顧問的滿意度最高，時間浪費最少，錢賺最多），花在計畫的時間比執行時間多很多。

在計畫階段，把所有你打算解決的重要問題全部寫下來。如果超過七個，就得剔除最不重要的那一個或那些問題。試著假設答案，就算你完全是用猜的也無妨（但要好好兒猜）。接下來要弄清楚，欲判斷你所做的假設是對是錯，你得蒐集哪些資訊，得完成哪些過程。你還要分配誰做什麼事，何時去做。每隔一小段時間，就用你新的心得重新計畫一次。

執行前先設計

當此專案涉及新產品或新服務的設計時，尤其應該在執行前先設計。務必在設計階段獲致可能是最好的答案，才能開始執行。80／20法則說，在設計專案所遇到的問題中，其中百分之二十的問題，共花去全部成本與開支的百分之八十；其中百分之八十的問題產生於設計階段，而為了修整這些問題，不但花費其高無比，並且曠日費時，有時甚至得重新製作。

談判

談判是我「80／20法則十大運用」的最後一項。關於談判，世人做過太多研究，80／20法則只提出兩點說明——但可能是關鍵性的兩點。

談判中的觀點都不算重要

在一場談判裡，關於論題的百分之二十的觀點，占全部爭議範圍的百分之八十，你也許以為，談判雙方都明白此一事實——然而，凡人總喜歡在爭論中獲勝，希望自己的論點贏過對方，就算那是不重要的爭論。同樣的，人們對於別人的讓步總是有好的回應，即使那是非常微不足道的讓步。

因此，在正式談判之前，先條列出一長串的關心重點與要求，而且要做得彷彿你非常在意這些個問題與要求。只是，這些論點在本質上本來就不合理，或者至少是對方若願意讓步也必會受傷害（若不如此，不就留給對方一個自誇「很有彈性」、「退讓三分」的餘地）。然後，在談判即將結束時，你表示將在對你來說無關緊要的幾個點上退讓，以換取你真正想得到但其實對對方未盡公平的要求。

舉例來說，想像你與一家供應你某主力產品一百項零件的廠商談判零件價格。任何一項產品百分之八十的成本，是花在其百分之二十的零件上面。你應該只管這百分之二十的價格。但如果你在談判一開始，就放棄討論其餘百分之八十零件的價格，你就失掉了談判的籌碼。因此，你應該在這較不重要的百分之八十當中找出幾樣，編個理由來談價錢（比如你其實不必買那麼多，但你把量說得多一些），彷彿它對你很重要。

別太早攤牌

第二點，根據一般的觀察，談判多半都會出現一個「假戰爭」的過程，而愈到快結束時才開始有火藥味。道森（Roger Dawson）在一篇題為〈強效談判之鑰〉（Secrets of Power Negotiating）的文章中說：

「時間可以對談判造成莫大壓力。在讓步的情形中，有百分之八十……發生在最後百分之二十的時限裡。如果一開始就攤牌，雙方都不會願意退讓，使得交易談不攏。但若是在談判最後那百分之二十的時間裡提出額外的要求或問題，兩方都比較有空間。」⑦

沒有耐性的人，不會是優秀的談判者。

確保付款

史吉奈（Orten Skinner）以下這段描述，生動地說明了如何運用80／20法則：

「有百分之八十的讓步，是出現在談判過程的最後百分之二十的時間裡。如果你正要向某人開口，請他付一筆逾期甚久的款項，約在上午九點鐘。你這方的主事者在十點鐘還有一個約會，那麼，真正決定性的時刻會出現在九點五十分。所以，別心急，兵來將擋，不要太早替你的當事人提出要求，免得答應了對方一個寬鬆的協議。」⑧

在十大之外

現在，你已經知道，80／20法則適用於所有情境。80／20法則從生活中的事實而來，從商業活動而來，從這個世界而來。80／20法則無所不在，因為它反映的是生存現實中最大的決定力。該是借這些力量來使力的時候了。

8 善用槓桿原理

關鍵少數給你好處

某些東西就是比較重要。

把低價值物變成高價值運用，才叫進步。

少數的人，增加了大多數的價值。

高獲利的活動總是只占企業全部活動的一小部分。

務必把關鍵少數擺在大腦正前方，

時時檢討自己是否把較多的時間和努力放在關鍵少數，

而不是浪擲在無用的多數上。

80／20法則包含了雷達和自動駕駛兩種成分。雷達給予我們見解，幫助我們看見機會和危險；有了自動駕駛，我們可以在自己身處的商業環境裡自由翱翔，與我們的顧客和相關的重要人員溝通，而仍曉得自己掌握著自己的命運。80／20法則要你掌握幾個重點觀念，並將之轉化成習慣，使你輕鬆即可用80／20法則的方式思考，用80／20法則的方式行動。

「**某些東西就是比較重要**」，這句話在所有情況下都能成立，雖然乍聽很難馬上相信。如果沒有數字擺在眼前，沒有80／20法則的分析，我們總覺得，多數東西看起來比較重要，而那些其實真正重要的東西則似乎可有可無。就算我們在心裡接受這一點，卻是知易行難，無法立刻轉向，專注在真正應採取的行動上。但務必把「關鍵少數」擺在你大腦正前方，務必時時檢討自己，是否把較多的時間和努力放在關鍵少數上面，而不是浪擲在無用的多數上。

把低價值物變成高價值運用，這才叫進步

自由市場和創業家一樣，都有本事把原為較低產值的資源，轉變成高產值資源，並且使之有所生產。然而，不管是創業家或市場，這一點做得都還不夠好——遑論要今日過度膨脹的企業或政府科層系統做到了。許多事情總是拖著一條叫做浪費的尾巴，這是一條長長的尾巴，花掉了百分之八十的資源，卻只產生百分之二十的價值——這是真正的創業家介入的機會。創業家能介入的範疇可大了，只是大家都低估罷了。

少數幾個人，增加了大多數的價值

最適才適所而且所做的事能賺最多錢的人，叫做最棒的人才；最棒的人才所能賺進來的錢，遠遠多於花在他們身上的錢。一般來說，這種人才極少見。多數的人所增加的價值，只比他們拿走的多一些些。另一大群人則是拿的多，添進來的少。像這樣的錯誤配置，在大型的、分工複雜的公司裡最常見到。

任何一個大型的、有管理的企業，都是一個有組織的共謀團體，一同胡亂分配酬勞。公司愈大愈複雜，這種共謀的範圍愈寬，且共謀愈成功。凡在大企業裡工作或是與大企業打交道的人都知道，有些員工是無價之寶，他們為公司賺進來的太多太多，而在他們身上的開支非常非常少。而許多雇員只是過客，請他們進來工作的成本，還高過他們為公司賺的錢。另外，約百分之十到二十的人，會減損公司的價值，甚至不覺得領公司薪水就該為公司出力。

事情會演變成這樣，原因很多：因為無從分辨何者是真正的表現；政治手腕高明或是主管的因素；我們總是會對我們喜歡的人特別好；出於一種很可笑但處處可見的想法，認為一個人的職務應相當於或高於他的工作表現；人類就是會想辦法追求表面的平等，而這樣的傾向由於希望團隊合作而更鞏固。複雜與民主交會之處，正是浪費與閒置聚集之地。

最近，我擔任一家投資銀行老闆的顧問，針對他金額超級龐大的年度紅利如何分配一事，向他提出建議。這位老闆白手起家，現已是一位非常富有的商人，他非常喜歡觀察市場裡何處不完美，並加以利用，而這也造就了他的成功。他熱情擁抱市場。他也知道，在要分配總紅利的幾百個人裡面，去年有兩個人一共為他賺進了其中的百分之五十——在他這一行生意裡，這很容易得知。可是，當我建議他，給這兩個人的紅利應是全部紅利的一半以上，他聽後簡直嚇壞了。然後，我們討論到某一位我和他都認識的高階主管，我們都明白，對於公司來說，這位主管所減損的價值多於他增加進來的價值（但他挺討人喜歡，在銀行裡且是一位政治手腕高明的人物）。我提議，乾脆一毛錢都不給他。這位老闆又說了：「不好吧，我已經把他這一份刪為去年的四分之一了。我不好意思再刪。」可是，這位主管其實應該付錢給公司，謝謝公司讓他有一份工作。還好，最後抓到痛處，給他的分紅是零。這位主管現在調到另一個職位，在那位置上總算對公司稍稍有些貢獻。

在追求公平分配酬勞的路上，會計系統是一大敵人，因為會計系統會掩蓋真相，讓人不知道真正賺錢的部分在哪兒。這也是為什麼——除了人性弱點之外——工作表現與所得酬勞的不成比例現象，以在大而複雜的企業內最明顯。一個只有四位員工的老闆，完全不需要會計分析就非常清楚，公司裡誰在替他賺錢，賺多少錢。但是一家大企業的總裁，靠的是足以誤導認知的會計數字，而且還經過人事部門（多可怕的字眼啊）的過濾，這就難怪在大公司裡，表現最好的人應該是可以再多拿一些酬勞但公司沒給，而表現平庸的人反倒是拿太多了。

獲利有天壤之別

所謂獲利（margins），指的是在價值與開支之間，在付出與報酬之間的東西。獲利的程度有很大差別。在一家公司裡，高獲利的活動總是只占全部活動的一小部分，但它的獲利占總獲利的一大部分。如果我們任憑資源自然分配，不加以干預，這種不平衡的程度會更嚴重。然而我們總像鴕鳥一樣，把頭埋進沙裡（會計系統恰恰是一大片無邊的沙灘），不肯相信，在公司的作為中，有一大部分是比另一小部分無價值的。

資源恆配置錯誤

我們把太多資源分配在低獲利的活動上，而分給高獲利活動的資源又太少了。並且不管我們如何努力，低獲利但得到高補助的活動，就是不能自己產生利潤，而高獲利的活動逕自蓬勃發展。如果因為高獲利活動始終能帶來進帳，使公司財務維持鬆緩狀態，資源不虞匱乏，那麼低獲利的活動便會一直吃掉資源，同時只對公司有微薄貢獻，甚或造成負數收入。

我們不斷看見產能最高的活動表現優異，也看見有問題的部分要花多久時間才能扭轉乾坤——通常是永遠做不到。我們總是要花很長的時間才能明白這一點，而往往要等到一位新老闆接手，或一個危機出現，或管理顧問提出看法，我們才會進行早就該採取的行動。

要多欣賞成功的價值

對於成功，我們賦予它的價值不夠高，給它的讚揚不夠多，對於它的運用也不夠深。一般人總將成功斥之為運氣好，然而所謂的運氣就和車禍一樣，不如我們想像中那麼經常發生。成功無以測量，於是我們稱它為好運。在好運的背後，不管我們是否看見，總有一個高效率的機制在運作，從而產生利潤。由於我們不相信好運，所以我們無法從這能生產價值的良性循環中得益。

平衡只是錯覺

沒有什麼事能永遠不變；沒有什麼事能恆久保持平衡。只有創新是唯一不變的道理。雖說創新經常受到抗拒與阻擋，卻鮮少被消滅。成功的創新，比一般的創新有更高生產力；也必須如此，因為超過了某一點之後，就會出現一股擋不住的力量，鼓勵你進行創新。不過，無論是個人、企業或國家的成功，都不是以創新為基礎，也不是根植於可行銷的創新，而在於看出什麼地方將會出現擋不住的創新，然後讓創新大大發揮自己的用處。

改變是生存所必需。建設性的變革需要深入洞察什麼是最有效的，並專注於這種獲勝方式。

大贏總從小處開始

最後一點：大的事物一開始時總是小的。小小的原因，小小的產品，小小的市場，小小的系統，這些都有可能造就大事物。但大家一般不太能有這種認知。我們的注意力總是放在已經存在的東西上面，而看不見那些在小現象上已經很明顯的趨勢。我們只看見已變大的事物，而這時，該事物已經加速成長了。少數人在這種成長還是小幅度時就看見苗頭，於是後來因此而賺錢。很多人則即使是身處這樣的成長變化之中，也察覺不出有什麼賺錢的機會。

別再想著五十五十

我們需要一番再教育，才能學會不再以50／50的方式看事物，而以80／20法則思考。以下提供幾則心得：

- 歪著思考。百分之二十等於百分之八十，百分之八十等於百分之二十。
- **預期著意料之外的事物會出現**。百分之二十帶來百分之八十；百分之八十導致百分之二十。
- 不論是你的時間、組織、市場，或是你所遇到的每一個人和每一家公司，任何事物都只有百分之二十的價值：它的精髓、它的力量、它的價值，隱藏在一大片平庸無奇的東西底下的一小部分好東西。**找出那有威力的百分之二十**。
- 找出那看不見的、在表象底下的百分之二十。它在，去找。意料外的成功是一項贈品，如果一家公司有某活動意外獲得成功，它就屬於這百分之二十，而且它大有可為。

- 心裡要有準備：**明日的百分之二十，不會是今天的百分之二十**。那麼，為明日的百分之二十播下種子的事物在哪兒？有哪個百分之一能長成為百分之二十，並帶來百分之八十？去年是百分之一，今天成為百分之三的是什麼？
- **在心中培養一些想法，把百分之八十排除在外**。諸如簡單的答案、明顯的事實、顯而易見的多數、位居現職的人、沿襲已久的傳統智慧，以及約定俗成的觀念等等，看似有意義，其實沒有一絲一毫的重要性。像這些就是百分之八十，是美景上的汙漬，遮住了你的視線，使你看不見更遠處的風光。所以你要看清楚這些討厭的髒點，看透它們，看穿它們，總之，不要理會它們。假裝它們不存在，只看真正重要的百分之二十。

心理學者告訴我們，正確的行動可以改變想法與態度，反之亦然，想法與態度也會改變行動。因此，想要做到以80／20法則的方式思考，最好的方法便是開始把80／20法則運用在行動中。反過來說，想要做到以80／20法則的方式行動，便應開始依80／20法則來思考。你必須雙管齊下。以下列出80／20法則的行動方向：

- 只要見到屬於百分之二十這類的活動，就撲上去，讓你四周圍都是它，全神貫注在它上面，取得它的專利，讓你自己變成這活動的專家、崇拜者、宣道者、夥伴、創造者、盟友。充分運用它——如果這「充分」二字所牽涉到的投入似乎超過你的想像，那麼請增加你的想像力。

- **善用你手邊現有的資源**：才華、金錢、朋友、業界盟友、說服力、個人信譽、組織名號，任何一種都行，抓住後就徹底利用它的百分之二十。
- 多多運用關係，但只與其中百分之二十的人結盟，且是有力量的百分之二十。然後，讓你的盟友與其他有力的百分之二十關係結盟。
- **開發80／20式套利法**。把資源從百分之八十這一邊，挪到百分之二十那一邊。這樣做的利潤極高，因為這是高度運用槓桿操作原理的獲利方式。你用一個沒有多大價值的東西，去做出一個有高價值的東西，讓兩方都得利。

80／20套利法有兩大媒介物：人與錢，或是相當於錢的資產。把百分之二十的人（包括你自己），從百分之八十這一邊的活動，移到百分之二十的活動那一邊。百分之二十的錢，從百分之八十這一邊的活動，移到百分之二十的活動那一邊。如果可能，就在這過程中使用變速器，加快事情的速度。如果你真的移動到百分之二十那邊去了，那麼加速不致造成危險。平衡錢的方式有兩種形式，一是借，另一是不以借的方式來運用別人的錢（把這種錢用在百分之八十那方是很不保險的，常常會以悲劇收場。用在百分之二十的活動上面則可造就贏家）。

- **創造出全新的百分之二十**。從別處偷百分之二十的點子過來，別人、別的產品、別的產業、別的知識領域、別的國家。

- **砍掉那無用的百分之八十，不要手下留情**。切記：劣幣驅逐良幣，百分之八十的時間，會把百分之二十的時間趕跑。百分之八十的盟友，占據了本應留給百分之二十盟友的空間。百分之八十的資產，花去了可給另百分之二十資產的資金。百分之八十的商業關係，會取代另百分之二十的關係。處於百分之八十的組織或位置，使你沒有時間照顧那百分之二十。住在百分之八十的地方，讓你無法搬到那百分之二十的地方。為百分之八十活動所花的心力，使你少了力氣放在那百分之二十上。

就是這樣，以80／20的方式來思考與行動。凡是不在乎80／20法則的人，註定只能有平凡的收穫；而那些能夠善用它的人，必能獲致優異的成就。

邁向第三部

80／20法則證明了它在商業界的價值，也證明它能幫助企業在西方世界和亞洲取得驚人的成果。即使是對商業不感興趣的人，或沒有聽過80／20法則的人，都因這些少數人的成就而受到激勵。

但80／20法則是屬於生活的法則，不是做生意的法則。它從經濟學理發展出來。它之所以適用於商業界，原因在於它能反映世界運作的方式，不是因為商業活動特別符合80／20法則。在任何情況中，80／20法則都是要嘛對，要嘛不對；不管是否屬於商業領域，任何經過驗證的80／20法則都運作良好。只是這項法則在商業界驗證的次數，要比其他領域多出許多罷了。

是時候讓80／20法則的力量釋放出來，在商業以外的領域加以運用。商業和資本體系是令人興奮、重要的人生環節，但是它們基本上是種過程——是生命的外殼，而非內涵。人生最寶貴的部分在於個人的內在及外在生活，在於私人關係，在於社交互動和群體價值。

第三部試著讓80／20法則與我們的個人生活、成就感和快樂產生關聯。比起目前為止談到的部分，這些比較偏向推測得來的內容，證據較不充足，但這些內容或許會比其他部分來得更加重要。請讀者與我一塊兒攜手探索接下來的未知世界。

第三部

個人的80／20幸福法則

9 少做多賺多享受

以享樂為生活企圖

其實，享樂主義是成功的一項必要條件。
當你完成了一件事，很難不享受它，
而若你不享受你可就浪費了。
如果有更多的人以享樂為生活宗旨，
這世界會變得更美好、更豐富。
80／20思考法相信，人生在世即為享受，
大多數的成就，是隨著興趣、快樂與需要而來的副產品。

真理讓人自由；80／20法則也能讓人自由。你可以少做一點，同時多賺一些，多享受一些——只要你認真學會80／20思考法。它能給你若干重大的見解，而只要你依這些見解行事，生活將會為之改變。而且，不會伴隨宗教、意識型態或其他觀念的負擔。

80／20思考法很美，美在它是實用的、自發的，並且是以個體為中心。只有一個要求：**你自己必須思考**，必須把接下來所要告訴你的東西完整消化，然後依你自己的情況與目標訂出自己的方式。應該不難做到吧？

80／20思考法說出來沒有幾條，但每一條都威力強大。也許不是每一條都適用於每一位讀者，所以，若遇到不符合你情況的段落，你大可略過不讀，逕自選擇適合你所處情況的原則。

從生活開始

我的企圖不只是把由80／20思考所得的見解，一條一條像是上菜似的端到你面前，然後邀你根據自己的生活運用這些法則——我要你掌握80／20思考法的本質而後自由發揮，形成你自己的見解，抽象通則也好，施行細則也好，可能是我壓根兒沒想到的見解。我要你成為80／20思考大軍之一員，將80／20思考在世上各角落傳播。

80／20思考法有幾項特質：它是反省的、不循傳統的、享樂主義式的、出於策略的、非線性的；它以一種輕鬆又有自信的態度懷抱企圖心（希望把事情變好的企圖心）。它當然始終在尋找

80／20式的假設和看法。接下來將針對這幾項特質稍作解釋，順便做為執行80／20思考法時的指標，讓你檢查自己的方向對不對。

反省的思考法

80／20思考法的目的，在於激發出足以大幅改變生活的行動。想要產生這樣的行動，需要有非比尋常的見解，而見解來自於反省和回顧，有時也需要蒐集資訊。通常，只要有反省就能產生見解，不是非要外在的資料不可。

今日流行的許多思考方式倉促即做結論，是投機的，是遞增的，是線性的思考（比如說，以二分法判斷A是好或不好的，然後追究造成A的是什麼原因）。現今當紅的思考方式，總是強調立即採取行動，因此，想當然耳，也就缺乏思考品質，因為行動把思考擠掉了。但80／20思考法不同。我們80／20思考法會把行動擱一旁，先靜靜思考，在心中醞釀幾個小小的想法，然後再行動：這行動是有所為有所不為的，只在幾項目標和限定的戰線上行動；這行動又是果斷的和精彩的，用有限的精力和資源，產生絕佳的結果。

不因循守舊

80／20思考法笑指傳統智慧的錯誤——傳統智慧多半也真的是錯的。辨認出生活中的浪費與未臻理想後，從日常生活出發，然後採取行動，如此才能進步。傳統智慧恰似反面教材，並無助益，徒然造成浪費和停滯。80／20法則的力量，在於根據非傳統智慧來採取不一樣的行動。欲達此，你需要先弄清楚，為什麼別人用錯誤的方法做事。如果你的見解沒有超過傳統，那麼你就不是運用80／20思考法。

讓你享受

80／20思考法追求快樂。它相信，人生在世即為享受，大多數的成就是隨著興趣、快樂與需要而來的副產品。這信念聽起來無可爭論，但大多數的人就算知道某些小事能為他們帶來快樂，也不會去做。

大多數的人會掉入下列幾種圈套：花太多時間與不喜歡的人相處；從事自己並不熱愛的工作；把空閒時間花在自己並不全心享受的活動上。反過來說，就是並不多花時間與真正喜歡的人相處；不全心追求自己真正想經營的事業；不把空閒時間多花在自己真正能享受的活動上。他們不是樂觀的人，就算其中有些人是樂觀主義者，也沒有詳盡規畫，讓未來的生活更美好。

這些情形真是奇怪。有人會說，這是因為經驗使人放棄希望——可是奇怪，這些「經驗」是他們自己建構起來的，來自於個人對外界事物的認知，而非出自客觀的觀察。也許這樣說吧，這是罪惡感壓過了喜樂，先天遺傳勝過後天智力，宿命論贏了自主選擇，選擇了死亡而非選擇生活。

「享樂主義」這字眼，通常比喻一個人很自我中心、自私且對生活不抱企圖心。這些都是負面的、損人的說法。其實，享樂主義是助人和帶來成功的一項必要條件。當你完成了一件事，很難不享受它，而若你不享受你可就浪費了。如果有更多的人以享樂為生活宗旨，這世界會變得更美好、更豐富。

進步有其價值

三千年來，人類思考著是不是有所謂進步這回事，宇宙與人類的歷史究竟是走出一條崎嶇但保持前進的路，或者沒有這麼光明。認為沒有所謂進步論的人，包括兩千年前的古希臘羅馬時代的哲學家，如海希歐德（Hesiod）、柏拉圖、亞里斯多德、塞尼加（Seneca）、賀瑞斯（Horace）和聖奧古斯丁，還有當代大部分的哲學家與科學家。

支持進步論的人，幾乎都是十七世紀末與十八世紀啟蒙時期的人物，例如方泰尼爾（Fontenelle）和康多塞特（Condorcet），以及十九世紀大多數的思想家和科學家，包括達爾文和馬克思。而進步論的領導者當屬十八世紀的吉朋，他是一位古怪的歷史學家，著有《羅馬帝國衰亡史》（*The Decline and Fall of the Roman Empire*）一書。吉朋曾在書中說：

> 「我們不能確定，在朝向完美的路上，人類究竟能進步到何種程度。因此我們大可以做一個不致錯誤的結論：這世上的每個時代都曾增進，至今財富、幸福、知識，乃至人類的美德，都持續比前一時代增進。」

當然，現在反對進步論的人，比吉朋時代的人更能提出證據——但這也是進步的證據。關於進步的論辯無法以實證方式獲致結論。對於進步的信念，必須是一種出於信心的行動。當代作家亞歷山大（Ivan Alexander）說，進步是一種責任。①如果我們不相信有進步的可能性，就永遠無法改善世界——企業界了解這道理。

整體而言，企業與科學一同提供了進步論的證據。我們明白了天然資源並非用之不竭，這時，企業與科學便提供了非天然而取之不盡的資源：經濟空間、微晶片、新的強力科技。②但若欲成就更大的利益，進步便不該被科學、技術與企業限制。我們應該在生活品質上追求進步，不但個人要在自己的生活上追求，也要大家共同努力。

說來矛盾，80／20思考法在本質上是樂觀的，然而它揭示了未達水準的情形：只有百分之二十的資源與成功有關，其餘的百分之八十只是浪費時間與精力。因此，你應該多花力氣在這百分之二十上面，並讓另外的百分之八十躍升到某個水準，那麼就可以增加產出。進步論帶領你到更高層次的領域。但是，即使在高層次，還是會出現80／20式的分配。所以你必須再進步到新的更高層次。

企業與科學的進步，印證了80／20法則。造一部大電腦，讓它比過去的計算機器快好幾倍。然後，把這部電腦造得小一些、快一些、便宜一些。重複這個過程；再重複。這是一場永不結束的進步過程。現在，把這個原則應用到生活中。如果我們相信進步論，80／20法則就能幫助我們了解它。最後，也許我們能證明吉朋是對的：真正的財富、快樂、知識與價值，可以持續增加。

出於策略

出於策略，是指專注於重要的事物上，專注於少數能給你競爭優勢的事物上，專注於計畫上，並以決心和毅力執行它。

非線性的思考

傳統思考的模式，是一種有效但有時不正確甚至會要命的思考模式。它的邏輯是線性的：它相信X導致Y，Y引起Z，而A必然造成B。你遲到了，所以我不高興。我在學校的成績不好，所以找不到工作。因為我非常聰明，所以我成功。希特勒引起第二次世界大戰。因為整個產業衰退，所以我的公司不再成長。失業是我們為低通貨膨脹所付出的代價。如果我們想要照顧窮人、病人與老人，就必須要課徵高額的稅。

以上都是線性思考的例子。線性式的思考很吸引人，因為它簡單明白，套用公式。問題是它對世界的描述太粗糙，想要改變它極難。科學家與歷史學家早就不採線性的思考方式——為什麼你還緊抓不放？

80／20思考法是一艘救生艇，幫助你逃離線性思考所造成的災難。沒有事情是光由一個簡單原因造成的。沒有事情是不可能避免的。沒有事情是永遠平靜或不變的。不想要的事物就別忍受。令人喜愛的事物，別讓它難以取得。很少人了解，到底是什麼造成了某件好事或壞事。真正的原因，可能並不特別顯眼。一些小動作可以改變狀態的平衡。只有一小部分的決策是真正重要的，而這一小部分的影響深遠。做了抉擇，就一定能夠實行。

藉著經驗、省思與想像，80／20思考法跳脫了線性邏輯的陷阱。如果你不開心，不要擔心最直接的原因，想想你過去開心的時候，並想著自己正處於類似狀況。如果你的事業在原地打轉，毫無進展，不要想著做一些周圍的改變，諸如換個大一點的辦公室、換輛名貴的車、冠個聽來更有來頭的職稱、少工作幾小時、換個更體諒的老闆，而應想想你生命中屬於自己的那少數的但最重要的成就，並想辦法再造成功，如果必要，你可以換一份工作。不要找尋原因，尤其不要埋頭找出失敗的原因。先想像一個能使你快樂又有生產力的情境，然後把它創造出來。

以輕鬆又有自信的態度懷抱企圖心

我們習慣性以為，企圖心強的人一定是四處衝鋒陷陣，工作超時，冷酷無情，為達目的不惜犧牲自己或別人，而且忙得不可開交。簡而言之，他們拚了命在做。若抱持這種聯想，是要付出重大代價的。沒有人想過這種生活，也沒有人需要過這種生活。

有另一種企圖心，它結合了自信、輕鬆與文明態度，這是比較吸引人的方式，也比較可能做到。這正是80／20的理想，但它以實證為基礎。偉大的成就，大部分是經由長久的勤勉與靈光一現而來。想想，如果澡缸裡的阿基米德沒有想到排水的問題，或只是一直埋首書桌前，那麼就不會有阿基米德原理；如果坐在蘋果樹下的牛頓沒有想著引力問題，或是忙著領導一群科學家，他就不會提出萬有引力理論。

我們在生活中所得到的成就，以及真正對我們自己和別人有意義的價值感，大部分都發生在工作中的極小一部分裡。這一點在80／20思考法與觀察裡說得很明白。我們時間多得很；我們貶低自己，認為自己缺乏企圖心，以為懷有企圖心就一定會奔波忙碌。然而，成就來自於見解與選擇性的行動。在生活中，平靜仍占極大地位。當我們輕鬆自在，喜歡自己的時候，才會產生見解。產生見解需要時間，而時間，我們多得是。

給你個人的80／20觀念

接下來幾章將要探討生活中的80／20道理，這裡先行提示重點。只要依照其中見解採取一些行動，就能大幅改善生活品質。

- 百分之八十的成就和快樂，只占我們百分之二十的時間，而這些可以再大幅擴展。
- 我們的生活深受若干事情與決定影響。這少數的決定通常是被預設的，而非出於我們有意識的選擇；我們順任生活「發生」，而不是自己計畫自己的生活。我們可以改善生活，只要我們知道轉捩點何在，並做出能讓自己更快樂更有活力的決定，就能改變生活。

- 事情的發生總有關鍵因素，而它們通常並不明顯。如果可以認出這關鍵原因，並且獨立出來，通常就能對它發揮更多的影響力。
- 人人可以完成重要的事物。重點不在於努力與否，而是找出應該在什麼事上努力。一個人較有能力做某件事，卻常會因為在別的事上也花了力氣，使得原本能做好的事效果打了折扣。
- 有人贏就有人輸，但輸家占多數。若你參加的是適合自己的競賽，擁有恰當的小組，使用正確的方法，你也可以是贏家。若你讓機會對自己有利（以正當且公平的方式），這會比光是努力來得更有勝算。曾贏過一次，就更有可能再贏一次。當你能選擇要參加什麼競賽，勝算就大。
- 我們的失敗，大多數發生在參加了別人要我們參加的競賽。我們的成功，大部分出現於我們自己想參與競賽時。我們不能贏得大多數的競賽，是因為我們進入了錯誤的競爭：那是別人要我們參與的，不是我們自己要的。
- 很少有人真的嚴肅看待自己的目標。大家把精力平均分配在太多事情上，沒有把最棒的見解與努力放在少數重要的事物上。能夠有成就的人，懂得挑選，也有決心。
- 大多數人把大部分時間花在低價值的活動上。以80／20思考法行事的人，不會落入這個陷阱，所以不必花太多力氣，就能在少數重要的目標上有成績。

• 一個人在生命中最重要的決定，是選擇盟友。沒有盟友，幾乎無法成就任何事。大部分的人在選擇盟友時並不謹慎，甚至根本不在意，以為盟友反正會出現。這又是一個任憑生活自己發生的例子。大部分的人選了錯誤的盟友，也選了太多，而沒有善加運用。採行80／20思考法的人，會小心選擇少數盟友，以達目標。

• 這種選擇錯誤的最極端例子，是選錯了重要朋友和人生另一半。大多數人交了太多朋友，不懂得挑選恰當的交際圈，不懂得加強這朋友圈的關係。有些人挑錯了另一半，而更多的人不懂得善待另一半。

• 如果金錢使用得當，它會是一個改善生活方式的資源。太少人知道如何增加金錢的價值，但是以80／20方式思考的人應該知道怎麼做。金錢若是用來改善生活方式與增加快樂，它沒有什麼不好。

• 鮮少有人花足夠時間來尋找屬於自己的快樂，對此的思考也不夠。人們找的是間接的目標，例如金錢與升職，這不容易得到，而就算得到了，人們終究會發現，這並不是快樂的泉源。金錢買不到快樂，快樂也不是金錢——沒有花掉的錢可以存起來，加以投資或孳生利息。但今天沒有用完的快樂，無法留待明天再享用。快樂一如心靈，若不練習就會萎縮。採行80／20思考法的人知道，什麼能使自己快樂，而且有意識地追求快樂，懂得用今天的快樂來增加明天的快樂。

時間在等待

想要開始用80／20思考法來獲得成就與快樂，最好的起點是時間。我們對於時間的品質及其扮演的角色所知甚少。許多人用直覺即可明白這道理，而千百個忙碌的主管需要學習管理時間，但他們只會瞎忙。我們必須改一改我們對待時間的態度。我們不需要時間管理；我們需要的是時間革命。

10 放下管理，進行革命

時間真的不夠用嗎

你最有生產力的百分之二十時間，
是不是創造出百分之八十的價值？
你百分之八十的快樂，
來自於生命中百分之二十的時間嗎？
如果是，那麼你就需要來一次時間革命。
你不需要重新組織或改變時間來配合，
你只需要改變使用時間的方式，改變你對時間的看法。

「可我身後總是聽見
有翅膀的時光馬車匆匆追趕；
且橫亙於我們前方
乃是無垠無涯的永世之漠。」

安德魯．馬維爾（Andrew Marvell）①

不論是超級忙碌或極端遊手好閒的人，都需要進行一場時間革命。原因不是時間太少或太多的問題，而是我們對待時間和認識時間的方式出了問題。對於沒有體驗過時間革命的人來說，來一場時間革命是最快獲得快樂與效率的方法。

80／20法則和時間革命

當我們把80／20法則應用到對時間的使用時，出現了以下假設：

- 一個人大部分的重大成就——也就是一個人在專業、知識、藝術、文化或體能表現上所加入的大多數價值，都是在他自己的一小段時間裡達成的。在創造出來的東西與花在創造活動上面的時間這兩者之間，有極大的不平衡，不論這時間是以一天、一星期、一個月、一年或一生為單位來度量。

• 同樣的，一個人大部分的快樂發生在有限的時間裡。如果快樂能測度，則大部分的快樂發生在很少的時間內，而這現象在多數情況裡都會出現，不論這時間是以一天、一星期、一個月、一年或一生為單位來度量。

我們可以用80／20法則來重新表達上述兩個說法：

• 百分之八十的成就，是在百分之二十的時間內達成的。反過來說，剩餘的百分之八十時間，只創造了百分之二十的價值。
• 一生中百分之八十的快樂，發生在百分之二十的時間裡，也就是說，另外百分之八十的時間，只有百分之二十的快樂。

請記得，你必須用自己的經驗來檢驗這些假設是否能成立，它們不是不證自明的真理，也不是窮全力所得的研究結果。而一旦上述假設屬實（在我所測試的例子中，都是正確的），便有四個令人驚訝的含義：

- 我們所做的事中，大部分是低價值的事物。
- 我們所有的時間裡，有一小部分時間比其餘的多數時間更有價值。
- 若我們想對此採取對策，我們就應該徹底行動。光只是修修補補或只是做小幅改善，沒啥意思。
- 如果我們好好利用百分之二十的時間，將會發現，這百分之二十是用之不竭的。

花點時間去印證80／20法則，幾分鐘也好，幾小時也行。不必在意百分比數字是否真的是八十與二十，因為也不太可能準確算出來。只要找出來，在時間的分配與所得的成就或快樂這兩者之間，是否真的有一個不平衡現象。你最有生產力的百分之二十時間，是不是創造出百分之八十的價值？你百分之八十的快樂，來自生命中百分之二十的時間嗎？

這是非常重要的問題，不可輕忽。也許你該把這本書放下，去散個步，直到你確定了你的時間分配是否平衡，再回來繼續讀。

不是時間管理的問題！

如果你的時間使用不平衡，你就需要來一次時間革命。你不需要重新自我組織或改變時間分配，**你只需要改變你使用時間的方式，也許還需要改變你對時間的看法。**

不要把時間革命和時間管理混為一談。時間管理的技術源自丹麥，是一種讓忙碌的主管能更有效分配時間的訓練。現在，時間管理風行全球，已然成為一項十億美元的產業。

時間管理的主要特色並不是訓練，而是推銷「時間管理者」和個人萬用記事手冊，這兩項產品是傳統的紙製品，現在也用電子版本。一般說來，時間管理這一行，帶有一種強烈的傳福音味道：這個行業成長最快的富蘭克林公司（Franklin），有很濃的摩門教色彩。②

時間管理倒也不是一時流行，因為運用時間管理的人都深深感謝這套系統，通常在使用後增加了百分之十五至二十五的生產力。但時間管理的目標，像是要把一公升的水放入一個小牛奶紙盒中。它講求的是加速；它的對象是事情太多、多到感覺時間不夠用的企業人士。時間管理的理論是：好好計畫每一天的每一個時段，可以使主管階級更有效率。它也強調要依事情的優先順序行事，不要被緊急卻不見得重要的事件耽擱。

時間管理的理念，彷彿假設我們都已經知道，什麼是好的使用時間的方式——但如果80／20法則成立，那麼時間管理的假設就不對了，因為假如我們知道什麼是重要的，我們早就去做它了。

時間管理通常建議人們，把要做的事依重要程度分作ＡＢＣＤ的順序。大部分的人把百分之六、七十的活動歸在Ａ或Ｂ，認為自己的時間真的不夠用，所以才要做一番時間管理。最後，他們有了更好的規畫，更長的工作時數，也更努力，但通常帶來更大的挫折。他們沉溺於管理時間，但這並沒有徹底改變他們做事的方式，也沒有減低他們自認做太少的罪惡感。

「時間管理」本身就有問題。這名詞暗指時間可以管理得更有效率，時間是寶貴而難得的資源，我們必須以它為主；我們必須善用時間，因為時間稍縱即逝。時間管理學家說，光陰一去不復返。

我們活在忙碌的時代；而長久以來即在預估之中的休閒時代也來臨。所以，就出現了作家韓第（Charles Handy）③所描寫的荒唐情況：主管的總工作時數增加，一星期工作六十小時的人不在少數，但同時，手上的工作愈來愈多。

社會分為兩種人：有錢但沒有閒暇享受的人，以及有閒但沒有錢的人。時間管理得以蔚為流行，是因為現代人擔憂自己沒有妥當運用時間，擔憂自己沒有足夠時間把工作做完美。

異端邪說？

80／20法則推翻了有關時間的傳統看法。80／20法則對於時間的分析，是與傳統看法大異其趣的，而受制於傳統看法的人，可從這分析得到大幅解放。80／20法則主張：

- **我們目前對於時間的使用方式並不合理**，所以也不必試圖在現行方法中尋求小小的改善。我們應當回到原點，推翻所有關於時間的假定。
- **時間不會不夠用**。事實上，時間根本多得是；我們只善用了我們百分之二十的時間。對於聰明人來說，通常一點點時間就造成大不同。依80／20法則的看法，如果我們在重要的百分之二十活動上多付出一倍時間，便能做到一星期只需工作兩天，收穫卻可比現在多百分之六十以上。這是和時間管理截然不同的世界。

- 80／20法則**把時間當朋友**，而非敵人。逝去的時間並非失去；時間會再回來——所以一星期有七天，一年有十二個月，而季節更迭輪替。當我們對時間採取自在、輕鬆與合作的態度時，見解與價值就可能出現。時間不是敵人；我們自己運用時間的方式才是敵人。
- 80／20法則認為，**應該少行動，因為我們一行動就不思考**。而正因我們的時間太多，竟反而浪費了它。執行一項工作計畫時，最後百分之二十的時間最具生產力，因為必須在期限之前完成。因此，只要把預計完成的時間減去一半，大部分工作的生產力便能倍增。時間不會不夠用。

過去、現在與未來的良性循環

我們不該擔心時間不夠用，而要想一想，為什麼我們把大部分的時間花在低品質的事上。光是加快速度或提高效率並沒有幫助，反而帶來困擾。

80／20思考法採用一種較屬東方式的時間觀念：**時間不該被視為一個連續體，它的行進方式不是由左至右的線性方向**（但在商業文化中，每每用一條線來呈現時間）。比較正確的看法，是將時間當做一個同步的、周期性的設計，恰似設計時鐘者的本意。時間不斷朝我們而來，讓我們有機會學習，有機會加深生命中有意義的人際關係，有機會生產更好的產品與更高的生命價值。我們活在現代，也從過去走來並帶著過去的珍貴心得；而未來就在眼前。下圖以三個有連鎖關係的三角形來說明時間，這比由左至右的表示法好多了。

用這種方式思考時間有一大效果：它向我們顯示，我們應該守住生命中最寶貴最有價值的百分之二十——我

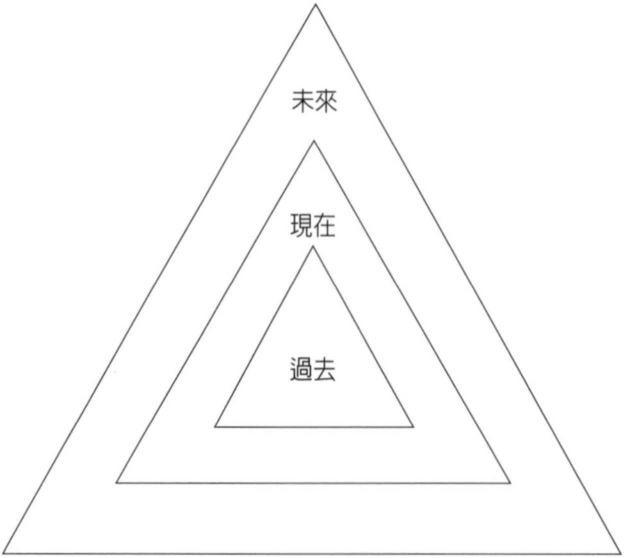

時間的三方結盟圖

們的個性、能力、友情，甚至有形資產，且確保這百分之二十獲得滋養、發展與擴大，以增加我們的效率、價值與快樂。欲達此，則必須維繫著持久且連續的人際關係，且秉持著「明天會更好」的樂觀態度（我們樂觀，因為我們可以掌握昨日與今日的最佳百分之二十，從而創造更好的明天）。

以此觀之，未來並不是一場我們不知片名為何、卻中途闖進去觀賞的電影，一邊看著一邊心中明白（同時害怕），時光飛逝。未來是由現在與過去一同組成的空間，給我們機會創造美好的事物。80／20思考法堅信，只要我們用更自由的方法和更好的方向來開拓這百分之二十，必能創造美好事物。

時間革命者的入門書

以下七個步驟可引爆時間革命。

一、努力不等於報酬

不論你的宗教信仰為何，清教徒式的工作觀深植於每一個人心中，我們需要將這觀念連根拔除。然而，我們偏偏喜歡認真工作，或至少覺得，完成工作是一種美德。那麼，怎麼辦呢？首先，我們必須在心中養成一個認知：努力工作並非達到目標的最好方式；努力只帶來有限的收穫，而見解與真正做自己想做的事才會有高報酬。

其次，挑一個具備「有生產力的懶惰」（productive laziness）特質的人，當你的守護神。我選的是前美國總統雷根（Ronald Reagan）和投資大師股神巴菲特（Warren Buffett）。

雷根不費吹灰之力便由一個二線演員轉變成共和黨的寵兒，繼而成為加州州長，最後選上總統。雷根有什麼魅力？他長得好看；他的聲音好聽，而且能視場合自如展現口才（他那回遇到襲擊，有人企圖暗殺他，他對太太南西（Nancy）說「親愛的，我忘了彎身躲一下」，真是極致的口才表現）；他是精明的選戰總經理；他充滿老式的優雅作風；他用迪士尼樂園式的觀點來看美國與全世界。雷根表現自己的能力只是小事，他掌握傳統觀念的能力也不提，他激勵美國人與打擊共產主義的能力才真的可怕。套句邱吉爾的名言：這麼少人，花這麼少力氣，卻能達成這麼多，此前所未見也。

投資大師巴菲特是美國的頂尖巨富，但他不是靠著努力工作而致富，他是靠投資。一開始他只有少少的資金，但許多年下來，他資金增值的速度遠超過股票的平均上漲率。他只做了一點點分析就達到這個結果，他其實是應用了一些個人的見解。

巴菲特的財富是從一個好主意開始累積的：美國地區報紙多半是地區性的壟斷事業。這個簡單的看法讓他初嘗致富的滋味。他接下來把許多資金投入媒體事業，因為這是他所了解的事業。巴菲特若不是懶惰，就是非常節省精力。大多數的基金經理買許多股票，並經常買賣炒作，巴菲特卻是買得少，而且不賣。那麼他就沒有事兒忙。他非常輕視傳統的組合式多元投資法，他笑說那是諾亞方舟法：「每種買兩個，最後你會有個動物園。」他說自己的投資哲學是「近乎怠惰」。

每當我想多做一些事，我就會想起雷根和巴菲特。你應該找幾個這類的例子，你認識的人也好，公眾人物也好，總之是能彰顯「有生產力的懶惰」特質的人。然後，沒事就想想他們。

二、拋開罪惡感

能不能拋開罪惡感，關乎你會不會工作過度，也關乎你是不是正做著自己喜歡做的事——做自己喜歡的事不是錯，因為做自己不能樂在其中的事是沒有價值的。

做自己喜歡的事，把這事兒當成你的工作，並認定你的工作就是它。有錢人能變得有錢，幾乎全是因為他們一開始時都是做自己喜歡的事。你不妨把這當做是又一個80／20怪現象：世上有百分之二十的人，不但享有百分之八十的財富，也占去了百分之八十從工作而來的快樂。

作家蓋布瑞斯（John Kenneth Galbraith, 1908-2006）注意到這種職場上的不公平。中產階級薪水較高，工作較有趣，又從其中獲得較多快樂。他們有祕書和助手，出差時坐飛機頭等艙，住高級飯店，連工作內容都比較有意思。高階企業人士平日所享受的這些特別待遇，若要自掏腰包負擔，可得花不少錢。

蓋布瑞斯曾提出一種革新性的觀點，他認為，工作內容比較無趣的人，應該要領比較高的薪水。好個掃興的傢伙！這樣的看法固然激發思考，但畢竟不能帶來好處。80／20現象這麼多，如果你往深處探索，就會發現，在表象之下有更深刻的邏輯。

以上述例子而言，邏輯非常簡單。有大成就的人，必然喜愛自己所做的事。唯有自我滿足的人，才能創造出非凡的價值。任何一個時代的大藝術家，其作品的質和量都令人瞠目。梵谷從來沒有放下畫筆。畢卡索早在沃荷（Andy Warhol）之前就經營了一家藝術工廠，因為他樂在其中。米開朗基羅的作品數量龐大，氣勢雄偉，許多是出於性欲的激發。即使是不完整的片段，如《大衛王》和《垂死的奴隸》，如西斯汀教堂的天花板和聖彼得大教堂的聖母慟子像，在在是不可思議的創作。米開朗基羅創作這些藝術品，不是因為這是他的工作，也不是因為他害怕脾氣暴躁的教宗儒略二世（Juliut II），更不是想賺錢，而是因為他愛他的創造，他愛年輕人。

你也許沒有米開朗基羅那般的動力，但是如果你不喜歡、不想要創造出有長遠價值的事物，你就創造不出來。此道理對個人如此，對商業世界亦然。

我並不是主張人可以永遠懶惰。工作是一種滿足人類內在需求的自然活動——失業、退休與一夜致富的人，想必明白這話的意思。關於工作與遊戲的比重如何分配，每個人有自己所認定的平衡、韻律和理想，而大部分的人都能從心底明白，自己是太懶還是太認真了。80／20思考法很有用的一點是，它鼓勵大家，在工作與遊戲時都要追求高價值與高滿足感的活動，它並不鼓吹以工作取代遊戲。但我猜，大部分的人在不對頭的事情上太認真。

如果，這個世界能以少一些工作換得更多的創造力與智慧，那該多好。如果有了更多的好工作，將有益於百分之二十的閒置人力；若工作少許多，將有益於百分之二十的辛勤工作者，而這兩種方式都能使社會得利。工作的質比量重要，而它的質由你決定。

三、那是別人硬加給你的義務

當花了八份時間只獲得兩份結果時，我敢說，這樣的情況八成是為了完成別人的命令。今日我們認為，所謂工作，指的是找一份有保障但不能完全自由的差事，指的是為別人工作。這樣的想法，就歷史而言，只是最近一段時期才出現的（儘管也有兩百年了）。④其實，即使你在大企業裡工作，領的是大公司的薪水，也應該將自己視為一個獨立的公司，為自己工作。

80／20法則一再顯示，有大成就的那百分之二十的人，都是為自己工作，若是為別人做事，他們也自認是為自己工作。

這概念也適用於工作以外的生活。如果你不能支配自己的時間，就很難善用時間。即使你能支配自己時間，也很難善用它，因為你會陷入罪惡感的牢籠，而傳統做法和迎面襲來的關於該做什麼的外在壓力，也使你受限。不過，由於你能自己支配時間，你至少有可能把這些束縛減少。

我的忠告絕對可取，你一定會想要採用。你永遠會對別人有某種責任。就算是大企業家也不盡然是孤僻的人，他有合夥人、員工、盟友和人際網絡，他總得有所付出，否則如何期待別人願意配合。重點是：小心選擇合夥人，小心選擇所要承擔的責任，要非常謹慎。

四、以獨特的方法使用時間

如果要你把你最寶貴的百分之二十時間拿出來，去當一個好士兵，去達成別人對你的期望，去參加一場人人認為你會參加的會議，或去做同儕都在做的事，或是去觀察你所扮演的角色之傳統特質，不論是哪一項，你可能都不願意。事實上，你應該要質疑，上述這幾件事裡哪一件是必要的。

若你採行傳統的行動或解決方式，那麼你就逃不掉80／20法則的殘酷預測，而把百分之八十的時間花在不重要的活動上。

為了避免這種下場，你得能找出不落俗套或具個人色彩的方式來運用時間。問題是，若你不想被排除在世界之外，你能離傳統多遠？有特色的方法不見得全都能提升效率，但至少有一種方式是可行的。想出幾種，然後挑一個最能讓你把時間用在你想做的事情上的方法。

在你認識的人中，誰是既有效率，又有個性？看一看他們如何運用時間，那方法如何違離傳統？他們做什麼，不做什麼，也許你可以學學。

五、找出那百分之二十

你用百分之二十的時間，達成百分之八十的成就，擁有百分之八十的快樂。也許，讓你達成成就的百分之二十時間，不是讓你快樂的百分之二十時間（但常常會有很大一部分是重疊的時間），所以你首先要分辨，你的目標是獲得成就還是快樂？我建議你分別觀察這兩者。

在快樂方面，先要認清楚你的「快樂群島」何在。「快樂群島」指的是那些曾經帶給你相當多快樂時光的日子，或是那幾年。拿張白紙，寫下「快樂群島」幾個字，然後列出你記得的所有快樂時光。再把所列出的各項做一番整理，把各項的共通性質找出來。

接下來，用同樣的程序找出你的「不快樂群島」。一般而言，「快樂群島」不會占你總時間的百分之八十，因為對大部分的人來說，在快樂和不快樂兩群島之間，有一大片叫做「還可以」的無人區域。不過，你務必認清使自己不快樂的原因，也認清楚這些原因到底有沒有共通點。

至於成就方面，同樣做一遍前述程序。確認你的「成就群島」為何：所謂「成就群島」，指的是經常有優秀表現的時期，它可能是一星期裡的某些天，或一個月裡的幾天，或是你一生中的某時期。在一張白紙上寫下「成就群島」，再逐一列舉，愈多愈好，最好涵蓋你全部的生活。然後，試著找出「成就群島」中各項的共通點。你不妨參考一下本章第226頁列出的「十大超值時間運用法」，這是從許多人的經驗中集合而成的心得，可能對你有幫助。

在另一張紙上，列出你的「成就荒島群」。這些是指最停滯不前、生產力最低的時期。也可以看一看第225頁列出的「十大無效時間運用法」。同樣的，注意各個成就荒島有沒有共通性。

好，現在就照著做吧。

六、讓那百分之二十的時間增加

你已知道了你的快樂群島和成就群島分別為何，你也許想多花些時間在這類活動上。當我解釋這個想法時，有人認為我的邏輯有瑕疵，因為在這百分之二十上面多花時間，可能導致報酬減少；在百分之二十上花兩倍時間，產出可能不是百分之八十，也許只有百分之四、五十，或六、七十。

對此我有兩個回應。第一，既然（在目前）快樂或效率不可能精確度量，所以這項批評在某些情形下可能是對的。但管它是四十或七十，總之一定會有大幅成長。

但是，第二，我不認為這些批評在一般情形下會是正確的。我的方法不是建議你依樣畫葫蘆，把那些在今日能帶給你八分效果的百分之二十完全照抄一遍。我要你找出使你快樂和使你有成就的共通點，目的是希望發現某個或某些基本的性質，希望能發現你在什麼事上最能發揮。

很可能，有些事你應該做（才能發揮你全部的潛力，或獲得快樂），但你才剛剛開始努力，也做得不好，或只做到某個程度，或甚至根本還沒開始。不過，且看兩個例子。有一位叫法蘭西斯（Dick Francis）的國家級賽馬騎師，直到四十歲才出版他第一本有關賽馬的書，但是他從出書這件事所獲得的成功、財富和自我滿足，遠超過過去數十年的賽馬生活。又如一位叫亞當斯（Richard Adams）的人，本是個一事無成的中年公務員，但後來他寫出一本暢銷書《瓦特希普高原》（*Watership Down*）。

常常，在做快樂或成就群島的分析時，可以讓人了解自己最擅長的是什麼，什麼對自己最好，進而花時間從事新的活動，而這些新活動在時間與收穫之間的投資報酬率，比過去的活動更好。然而，報酬可能增加，也可能逐漸減少。你最應該考慮一件事：事業或生活方式的改變。

一旦你知道了是哪些活動帶給你百分之八十的成就或快樂，你的基本目標就應該是花時間在這些活動上。這要先從短期目標做起。短期目標是要在一年裡，把原占百分之二十的高價值活動提高為百分之四十，這不難達成。一旦達成短期目標，將會使你的生產力提高百分之六十到八十（這麼一來，你藉著兩份百分之二十的時間，獲得兩份百分之八十的產出，所以，即使你一開始時放棄了那占百分之八十的活動，因而失去了百分之二十的產出，現在你的整體產出卻可以達到百分之一百至一百六十）。

當然，最理想的做法是將高價值活動增為百分之百，而這得藉著改變事業和生活方式才可能達成。如果你決定這樣做，就要針對你如何改變而擬定計畫，並訂下完成期限。

七、除掉或減少低價值活動

對於那些只給你兩成結果的百分之八十活動，最好的對策是除掉它們。而你可能要先除掉這些活動，再把時間分派到高價值的活動上（也許很多人覺得，激勵自己多花時間在高價值活動上，更能促使自己擺脫低價值活動）。

對於我這建議，許多人通常會立即表示，他們無法擺脫低價值的活動。他們認為，這些低價值活動屬於避不掉的家庭、社會或工作上的責任。如果你也這麼想，請再思考一番。

正常情況下，總是可以在現有環境中找到一大片空間做新嘗試。記得前面提過的忠告：找出有個人特色的方式來運用時間，不要盲從於傳統。

試試你的新策略，看看出現什麼結果。反正你想除掉的活動價值不高，所以當你不再做這些時，不會有人注意；就算被注意到了，他們也會發現，這些活動的確耗事，因之不會太在意。

如果需要先巨幅改變環境，例如換一個新工作、新事業、新朋友，甚至換個生活方式的合夥人，才能拋開低價值活動，你就要設定計畫，否則你便無法發揮潛能，獲得成就及快樂。

四種有效運用時間的例證

第一個例子是格萊斯頓（William Ewart Gladstone），他是一位英國維多利亞時期知名的自由派政治家，他曾四度當選英國首相。格萊斯頓在許多方面的表現都相當獨特：他嘗試援救「墮落」妓女的措施慘嘗敗績；他一陣子出現一次的自虐行為；但我們在此要關心的是他運用時間的獨門方法。⑤

格萊斯頓並不因為自己的政治責任而受抑制，反而對政治責任相當有效率，因為他隨自己高興而投注時間。他熱愛旅行，不論是在英國本島或外國旅行他都愛，在首相任內，他經常以個人身分私訪法國、義大利和德國。

他愛看戲；他有幾樁追求女性的風流韻事（幾乎都是非肉體的追求）；他廣泛閱讀（一生約讀了兩萬本書）；他在下議院發表超級冗長的演講（議員們非聽不可）；現代的競選活動可以說是他發明的，而他對於選舉樂此不疲。他只要覺得有一點點不舒服，便會在床上躺一整天，在床上閱讀並思考。他過人的政治精力和效率，來自於他特異的時間運用法。

後繼的英國首相中，只有勞合．喬治（Lloyd George）、邱吉爾和柴契爾夫人足堪與格萊斯頓相提並論；這三位行事都極有效率。

三大特異管理顧問

另一個關於非傳統式時間管理法的例子，來自於管理顧問這個穩重的領域。當管理顧問的人，通常工作時數長，還要面臨足以令人發狂的事務。但我以下要介紹三位我很熟的顧問，他們不在此列。這三人都做得非常成功。

我稱第一位為佛烈德，他由顧問事業賺得千萬財富。他並非商學院出身，卻有能力設立一個成功的大公司，公司上下除了他以外，幾乎人人一星期工作七十小時以上。佛烈德偶爾進公司，每月與股東開一次會，這是全球股東都得參加的會議，但是他比較喜歡把時間拿來打網球和思考。他以強硬手腕管理公司，但從不大聲講話；他透過五個主要部屬來掌握公司的一切。

第二位顧問別名藍迪，是位陸軍中校。全公司裡除了創立者之外，他是唯一一個不是工作狂的人。他前往另一個遙遠的國家，在那兒有一個繁榮且快速成長的公司，員工主要也來自家鄉，工作努力得不得了。沒有人知道藍迪如何運用時間，也不知道他的工作時數多少，但他的確逍遙自在。藍迪只參加重要客戶會議，其他事務授權給年輕合夥人處理，有時還編造荒唐的理由解釋自己為何不在公司。

藍迪雖是公司領導者，卻不管任何行政事務。他把所有精力拿來思考，如何在與重要客戶的交易中增加獲利，然後安排以最少人力達成此目的。藍迪的手上從不曾同時有三件以上的急事，通常一次只有一件，其他的則暫時擺在一旁。為藍迪工作讓人充滿挫折感，但他確實效率奇高。

最後一個特異的例子是位朋友兼合夥人，且稱他為吉姆。我永遠記得，我和吉姆共同使用一小間辦公室時的日子，當然辦公室內還有其他同事。這是個擁擠且騷動的辦公室，有人講電話，有人正準備著向客戶做報告，屋子裡到處是聲音。

但吉姆好比一片平靜的綠洲，光盯著行事曆沉思。他在運籌帷幄。有時他會帶幾位同事到安靜的房間內，向他們解釋他對每個人的要求；不只是講一、兩遍，而是再三說明，務求交代所有細節。然後，吉姆會要求同仁說一遍他們即將進行的工作。吉姆的動作緩慢，看似毫無生氣，且近乎半聾。但他是非常棒的領導者。他把所有時間拿來思索哪件工作最具價值，誰是最合適的執行者；然後，緊盯著事情進行。

十大無效時間運用法

如果你已拋開了低價值的活動，你的時間就一定會花在高價值的活動上（無論是為了成就或讓自己開心）。我希望你先認清楚，哪些是把時間吃掉的低價值事務。以下列出最常見的十項，以防你有所疏漏。

一、別人希望你做的事
二、老是以同樣方式完成的事
三、你不擅長的事
四、做時無樂趣可言的事
五、總是被打斷的事
六、別人也不感興趣的事
七、如你所料已經花了兩倍時間的事
八、合作者不可信賴或沒有品質保障的事
九、可預期進行過程的事
十、接電話

果斷地抛開這些事。絕不要被每個人占用你的時間。最重要的，不因別人開口要求，或接到一通電話或訊息，就去做某事。該說不時就說不。

十大超值時間運用法

一、提升生命大目標的事
二、你一直想做的事
三、在20／80時間對結果的關係之中的事
四、能大大節省時間並（或）使品質倍增的創新方法
五、別人說你不可能完成的事
六、別人已在其他領域進行且獲得成功的事
七、運用自己創造力的事
八、能讓別人為你工作而減少你工作量的事
九、與超越了80／20模式，以獨特方式運用時間的高品質合作者配合的事
十、千載難逢、稍縱即逝的事

當考量任何運用時間的方式是否值得採用時，問自己兩個問題：

一、它是否不循舊法？
二、它一定能提升效率嗎？

如果這兩個問題的答案是肯定的，才可能是好的運用時間的方式。

時間革命可行乎？

讀者可能會認為，我的建議相當具革命性，且盡屬空談。你可能會說：

- 我別無選擇，我無法運用自己的時間。老闆不會答應。
- 我得換工作才能採行你的建議，但我擔不起換工作的風險。
- 這對有錢人是很好的建議，但我可沒那自由。
- 我得和另一半離婚（才做得到你說的那些）。
- 我只要讓效率成長百分之二十五就夠了，我沒有野心要變成百分之兩百五十。我不相信做得到。
- 如果像你說的那麼簡單，誰都做得到。

如果你發現自己有以上想法，時間革命就不適合你。

直到你願意

這些反應可總結為下列幾句：「我不是急進派，更不是革命分子，所以饒了我吧。基本上我對於現在的水準相當滿意。」沒錯，革命令人不舒服，令人痛苦，帶來危險。在你展開大改革之前，你心裡必須明白，它可能帶來重大風險，也可能會引導你進入一個未知領域。

想要進行時間大改革的人，還需考慮過去、現在和未來。在如何分配時間的背後，隱藏著更重要的問題：我們在生命中想追求什麼？

11 人生所為何事

檢查你的生命重點

大部分的人不知道自己生活的目標。
於是在工作上努力，一意追求金錢與成就，
而一旦達成目標，發現一切盡屬虛空。
關於生活方式、經濟能力、工作與遊戲的分配，
以及成就感的來源等生命重大課題，
如果我們沒有一個清楚的看法，
我們便不知道自己為何活著，
以致日子過得不平衡，生活中大多數的付出，
竟只帶來微不足道的意義。

「至關重要之事，絕不可受無足輕重之事擺布。」

歌德

你在生活中想要擁有些什麼？是不是「什麼都想要」？我說，你想要的，你都能得到：理想的工作；符合需求的人際交往；能讓你快樂並有滿足感的社交、心靈與美感層次的吸收；所擁有的金錢能力足以維持一個符合你身分的生活方式；另外，你也許會想要有所成就或為他人服務。如果你不打算追求這一切，你將無法擁有。而你必須先知道自己想要什麼，才懂得去追求。

大部分的人不知道自己想要什麼。因此，大部分人的日子過得不平衡。我們也許在工作上表現不錯，但在人際關係上一塌糊塗。我們努力追求金錢與成就，一旦達成目標，發現成就盡屬虛空。

80／20法則道盡這種悲慘情境。我們所做的努力中，有百分之二十可以帶來百分之八十的結果；但其餘百分之八十的努力，只有百分之二十的結果。我們把百分之八十的力氣，浪費在低價值的成果上。在我們所擁有的時間裡，百分之二十用來創造百分之八十有價值的事實；我們百分之八十的時間，浪費在沒有意義的事情上。百分之二十的時間，創造百分之八十的快樂；其餘百分之八十的時間只造成微不足道的快樂。

但並不是所有事情都可以用80／20法則來解釋，也不必如此。**80／20法則的作用是診斷問**

題，指出事情令人不滿意的部分和浪費的情形。我們應該致力於打破80／20模式，若不能，則至少要將之轉化至更高層次，使我們過得更快樂，做事更有效率。牢記80／20法則的承諾：只要我們注意到它所傳達的訊息，我們便能少做多賺，多享受，有高成就。

首先，我們必須對所有想要的事物有個完整的看法，這正是本章的重點。後面的第十二、十三和十四章，分別討論人際關係、事業和金錢。第十五章則談論生活最終的目的：快樂。

由生活方式開始

你喜歡自己的生活嗎？只喜歡生活的一部分不算，我指的是絕大部分，最起碼是百分之八十的生活。喜歡也好，不喜歡也罷，是否有更適合你的生活方式存在？問你自己：

- 現在與我一同生活的人，是適合我的人嗎？
- 我現在住的地方，是恰好的地方嗎？
- 我的工作時數長短剛好嗎，符合我理想生活中的工作與休閒的比例嗎？符合我的家庭和社會需要嗎？
- 我掌控了自己的生活嗎？
- 我能隨性做運動或沉思嗎？

- 我在所處的環境中，總是覺得輕鬆舒適嗎？
- 我的生活方式，讓我更有創造力，更容易發揮潛能嗎？
- 我的錢夠用嗎？所有事情都很有秩序，不用操心嗎？
- 我的生活方式，對於我想幫助的人有絲毫貢獻嗎？
- 我與好朋友見面的次數夠多嗎？
- 我為工作而出差旅行的程度剛剛好，不多也不少嗎？
- 我的生活方式適合我的合夥人和家庭嗎？
- 我完全不缺什麼嗎？該有的我都有了嗎？

關於工作

工作是生活的一大重心，但工作太過或不及都不好。人人都應該做事，無論是否屬於支薪的工作，不管你自認多麼樂在工作，都不該讓生活被工作占滿。工作時數也不該受社會習慣的制約。至於就你現在的工作情形來說，你應該再多做一些或少做一些，可以用80／20法則來測度。它的概念是：如果一般來說，你不工作時比較快樂，那麼你應該少工作或換個工作。如果你在工作時比較快樂，那麼你應該多工作或改變工作以外的生活。真正恰當的情況，是你能做到在工作中和工作外一樣快樂，達到在至少百分之八十的工作時間是快樂的，也在百分之八十以上的餘暇時間覺得快樂。

工作疏離感

許多人並不怎麼喜歡自己的工作。他們不覺得工作與自己有關係，但因為工作可以維生，所以「必須」工作。你可能也認識一些人，你不能說他們不喜歡自己的工作，但他們對工作懷著矛盾的心情：他們喜歡工作中的一部分或工作中的某些時候；但不喜歡另一些部分或另一些時候。而有更多人，也許是多數的人，願意換一個與現在工作拿同樣薪水的差事。

事業不是另一個獨立的東西

你（或與合夥人一起）追尋一個事業，你該如何看待這事業？**你該看它對生活整體品質所帶來的結果**：你住哪兒，與朋友相處的時間多少，你從工作中真正獲得的滿足感，以及你的稅後收入是否能維持你要的生活方式。

其實，你可以有別的選擇。你目前的事業也許適合你，你把它當做一個基準。但是請發揮創意想一想，你是不是**真的**不喜歡另一種事業，另一種生活方式。請針對你目前和未來的生活，提出幾個不同的方案。

在這樣想像時，請記得一項前提：工作和生活不衝突。許多事都可以是「工作」，尤其現在，休閒工業已是一大主要經濟活動，工作更是有各種可能性。你的工作可以是與個人喜好有關，也可以將喜好轉為一種事業——熱情必帶來成功。通常，讓個人喜好變成一項事業比較容易，受別人指揮要對某事業有熱情則較難。

不論你做什麼工作，都要明白自己最適合達到什麼目標，並且是在整體生活中思考。說來簡單，但人的舊習難改，對於事業的傳統想法，很快就削減了生活的重要性。

舉例來說，一九八三年，我與兩位前同事共同創業，經營一家管理顧問公司。我們很清楚，為前任老闆工作時，我們的工作時間極長，必須經常出差旅行，這對生活造成負面影響。所以我們決定，在自己的新事業裡，我們要建立一種「完全以生活為主」的工作取向，同時注重賺錢和生活品質。但工作量很快就激增，變成每星期工作八十小時，我們要求員工也這樣工作。有位顧問指責我們「毀掉了別人的生活」，那時我並不懂他的意思。為了追逐金錢，「完全以生活為主」的預定取向很快便不見了。

哪種事業讓你最快樂

我提出這些說法，是要你「退出」商業世界激烈的競爭嗎？未必，要看你是怎樣的人而論。也許你在激烈競爭中感到快樂；也許你和我一樣，生來就是要競爭的人。

你當然應該清楚，自己喜歡做什麼事，並試著將之納入你的事業。但是你所喜歡做的事只是因素之一；你也要考慮整個與工作有關的環境，衡量這對你的專業表現有無影響。這與你決定你在什麼職業上會快樂，是一樣重要的。

弄清楚你自己的狀況：

- 你是不是非常希望有成就，希望事業成功？
- 你在什麼情形下最快樂：為一個大公司工作？自行創業，自給自足？還是雇用別人？下頁的圖顯示這種選擇。哪一個最能貼切描述你的狀況？

第一種人企圖心很強，但喜歡在組織健全的公司工作，由組織照顧。二十世紀的典型企業人便屬於這類型。這類人的數目漸漸減少，因為大組織雇用的人員比較少了（將會愈來愈少），市場被小公司分掉了（未來，市場不一定會繼續被瓜分）。但這些職位的供給減少，則對它們的需求也就相對減少。如果你想要成為這類型的人，你便要認清事實，不過仍可以繼續保有你的抱負。儘管大組織不再是保障，但仍能提供結構和地位。

第二類型是專業人士，渴望得到同業的肯定，或是想成為該專業領域的佼佼者。他們希望自主，在組織環境中適應不良，除非該組織有近乎縱容的寬大態度（一如大部分的大學）。這類人應該盡快創業；而一旦自行創業，就不要雇用員工，雖說多雇些人能帶來利益，卻要忍住誘惑。第二類型是單打獨鬥的商人，他們一點都不希望在專業上依賴任何人。

第三類人擁有高度的衝勁和野心，討厭被人雇用，但不想要過單打獨鬥的生活。他們也許不

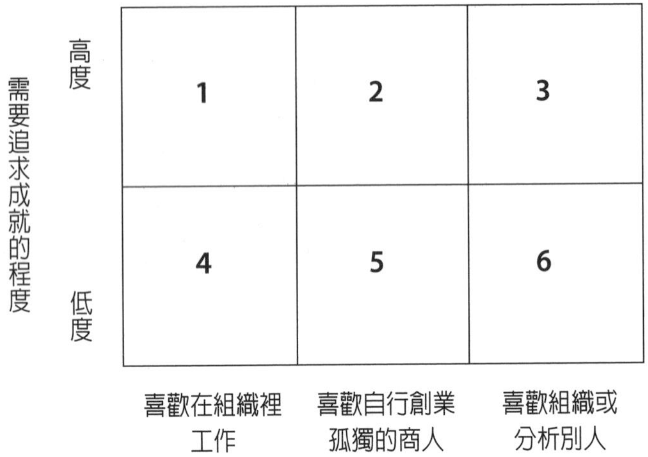

你想追求的事業和生活方式

受傳統限制，但他們創立事物，想要建立自己的組織或網絡。他們將來會創業。

鍾情於電腦軟體事業的比爾．蓋茲，現今名列全美首富，他大學沒念完，中途退學。但蓋茲身邊需要有人，要有許多人為他工作。很多人都是這一類型。不過，由於企業裡流行授權理論，使得許多人其實擁有這類需求但不明顯，並使得自行創業的渴望較不那麼強烈。如果你想與別人一同工作，但不是聽命行事，則你是第三類型的人——你最好接受事實，並面對它。許多在工作中心灰意冷的專業人才，屬於第三類型，他們喜歡自己的工作，但以第一和第二類的方向行事。他們不明白，使他們受挫的原因是組織，與專業無關。

第四類型的人對事業沒有太多衝勁，但喜歡與別人共事。他們應該在傳統工作或義務工作上花時間。

第五類型的人沒有企圖心，但在工作中要求有高度自主權。這類人最好成為自由工作者，為別人做某專案，讓自己自由自在。

第六類型的人想有事業成就，但是喜歡把人組織起來，並很享受開導別人的過程。許多教師、社會工作者和義工屬於第六類型的人，並把自己的角色扮演得很好。對第六類型的人而言，過程勝於一切。

對工作有疏離感的人，通常是因為正置身於不適合自己的類型裡。

關於金錢

大多數的人對錢有自己特殊的看法。他們認為金錢最重要，但獲得金錢很困難。既然大家都想比現在更有錢，所以讓我們先思索第二個問題。

在我看來，錢不難賺，一旦你擁有了一些錢，則用錢滾錢並不難。那麼，一開始你該由何處獲得錢？最好的方式是去做你喜歡做的事，這法子的效果奇佳。道理如下。如果你喜歡做某事，那麼你對此事可能頗為拿手，比你對不喜歡的事來得擅長（不見得一定如此，但鮮少有例外）。如果對某事拿手，你就能創造出也能讓別人滿意的事物，那麼別人通常會有所回報。而既然大部分的人做的不是自己喜歡的事，他們的生產力就不會和你一樣高，你便可以賺更多。

但此邏輯並非屢試不爽。有些專業領域如演員這一行，人浮於事，這時該怎麼做？

不管你怎麼做，絕不可放棄；不但不可放棄，更要努力，去找一個人才供需比較平衡，又比較接近你要求的職業。這類的職業也許無法一眼即看出，但選項倒不少。換個角度想一想：當一個政治人物和當演員的條件差不多，成功的政治人物，如雷根、甘迺迪、邱吉爾或柴契爾夫人，有的本來就當過演員，有的則有潛力當個好演員。卓別林在電影中模仿希特勒演得極像，這並非意外；希特勒若是演員，也許會成為二十世紀最有個人魅力的演員。現在這樣說似乎事情很明顯，但很少想要走演員這條路的人，曾想過往政治發展，然而政治圈的競爭沒那麼激烈，待遇也很好呢。

萬一，在就業市場上，你最喜歡做的事沒多少工作機會，而你也找不到一個接近的職業，怎麼辦？那就找一個你第二喜歡做的事，然後重複前述過程，直到找到一個你也喜歡、待遇也不錯的工作。

當你找到喜歡的工作了，你很在乎薪水，而且你對這份工作很有把握，那你應該快快自己創業，然後，開始雇用員工。

這結論是從80／20法則得來的。在任何一個組織或職業裡，百分之八十的價值來自於百分之二十的專業人才。表現好的人，待遇比表現低於平均的人高，但並不能反映兩者在表現上的差別。若依表現來衡量，優秀人才的待遇總是過低，而表現不良者過高。你身為優秀員工，逃不過這現象。老闆也許認為你很優秀，但不會將你的真正價值歸給你。對此，唯一方法是自己開公司，雇用其他優秀員工。不過，如果你不喜歡自己當老闆，就別這麼做。

錢滾錢，很容易

還有一點必須記住：一旦你有些閒錢，便很容易增值。把錢存起來並用來投資。這就是資本主義。讓錢滾錢不一定要從商；你可以藉由80／20法則的引導來投資股票，這在第十四章將會詳述。

別把錢看太重

我希望你能擁有更多錢，但不要在此事上過了頭。錢能幫你獲得你想要的生活方式，但小心，希臘神話裡有個國王邁達斯（Midas），視錢如命，向上天祈求賜給他點石成金的能力，他得到了，凡是他手指所指的東西，都會變成黃金。但有一天不小心把手指向心愛的小女兒，女兒變成了金雕像，一動也不動。這樣的預言有其真理。錢可以讓你快樂，但必須是你把錢用在正途上的時候。況且錢會反擊。

記得，當你愈來愈有錢，那麼，多賺到的錢就愈來愈沒有價值。用經濟學的話來說，這時錢的邊際效用大幅衰退。一旦你已習慣了較高的生活水準，則錢可能只會給你很少的快樂，甚至完全沒有。為了維持高水準的生活方式要多花錢，如果你為了賺更多錢而產生焦慮或壓力，錢反而帶來負面價值。

財富愈多，愈需要管理。我討厭打理有關錢的事（別想叫我乾脆把錢擺脫掉；把錢給別人我更生氣）。再說，賺得愈多，稅付愈多；賺得愈多，工作得愈辛苦。而工作得愈辛苦，花費愈多，例如為了工作而住在生活消費昂貴的大都市，否則就通勤；為了節省精力而買家用器具；雇人來做家事；花更多錢從事休閒活動，以補償忙碌工作的自己。花愈多，你又必須更辛苦工作。最後，你被一種昂貴的生活方式控制，而無法自己支配生活。其實，你可以用一種較簡單較便宜的生活方式，獲得更多價值和快樂。

關於成就

有些人希望有所成就，所以就出現了一種聰明人：所有勵志書籍的作者總告訴你，人在生命中需要方向和目的。接著他們說，你沒有方向，沒有目的。然後，你陷入痛苦，思索著自己的人生方向和目的。最後，他們告訴你，你該怎麼做。

因此，如果你不想達成什麼事，同時又對於生活感到滿意（都只是小小的成就），那麼你真是幸運的人（可以直接跳讀本章最後一節）。

可是如果你和我一樣，在生命中若沒有成就，會覺得有罪惡感，覺得不安，並希望更有所為，這時，80／20法則可以幫你減輕痛苦。

有所成就，不是難事。它不該是「九十九分的努力加上一分的靈感」。相反的，你可以試試看，是不是「二十分的努力，讓你擁有目前的八十分成就」，這成就要以你自己的價值觀來衡量。果真如此，或差不多，那麼，你就要小心經營這百分之二十的努力。你能一次又一次獲得成就嗎？你能使成就升級嗎？你能在更高的層次上重製一項成就嗎？你能結合兩項成就，使它們帶來的成就感加倍嗎？

- 回想你過去的成就。那些以市場反應而言最有正面成績的成就，以及最獲得好評的成就，是不是你工作和遊戲中的百分之二十，創造出讓人稱許的百分之八十。這帶給你多少實質的滿足感？
- 過去，什麼方法對你最有用？與誰合作？哪一群聽眾？再一次，你想一想80／20法則，任何只產生一點點平凡的成就感的時間或付出，都該丟掉。想想那些極其輕鬆便達成的高水準表現。不要受限於自己的工作經歷，把你的時間當成一個學生、觀光客或朋友。
- 往前看，你能去做哪些自己會引以為傲，而別人無法輕易達到的成就？如果你身邊有一百個人試著做某事，有什麼是你花百分之二十時間就能完成，而他們要花百分之八十時間才做得到？你在領先的這百分之二十裡居於哪個位置？更嚴格一些，什麼事是你能用二份時間，做得比他們花八份時間還更好的？這些問題乍聽似乎像個謎，但它們都有答案。人在不同領域裡有著多樣能力，令人難以置信。
- 如果，從某事中得到的樂趣可以測量出來，有什麼事是你比同輩多喜歡百分之九十五的？為什麼你能比百分之九十五的人優秀？哪些成就可以讓上述這兩者實現？

專注在你很輕鬆便可達成的事上。大部分的勵志書籍作者都犯了一個錯，他們說，你應該多嘗試那些你以為困難的事；這就像在膠囊藥物問世之前，祖父母逼小孩服下液狀的魚肝油。那些作家引用傑出人物的話說：「成功靠過去的失敗而來。」但我認為，失敗通常正來自於過去的失敗；但你可以在現在的失敗上站起來，達到成功。而你一旦已在某事上成功了，那就是成功，不管那是不是少見的成就。

80／20法則說得清清楚楚。你應追尋那些數目少、但你有非常非常優秀表現、而且喜歡的事。

你還需要什麼？

我們討論了工作、生活方式、金錢及成就。若欲全部擁有，你還需要美好的人際關係，這要花一整章討論。

12 朋友不在多

村莊理論的啟發

當你花了許多時間在某些人身上，結果卻令人失望，
這就是錯誤的人際關係，不如不要。
因為根據人類學的村莊理論，一個人培養重要關係的能力是有限的，
如果你的人際經驗太多，或過早有這些經驗，
你就預支了日後培養更深刻關係的能力了。
所以，數量少一些但程度深厚的人際關係，
好過廣泛而膚淺的交際。
別讓鳩占去了鵲巢，被無品質的關係耗掉有限的缺額。

「人際關係幫助我們定義我們是誰，以及我們可以成為怎樣的人。大部分人都可以將成就歸功於至關重要的人際關係。」

唐納．克里夫頓（Donald O. Clifton）與寶拉．尼爾森（Paula Nelson）①

有人說：「看一個人的人際關係，就知道他是怎樣的人，以及將會有何作為。大多數人的成功，都源於中堅的人際關係。」的確，如果沒有與人建立關係，我們在這世上就算活著也無異於已死。友誼，是生命的重心——這話聽來老套，卻是真理。本章談的是人際關係，個人人際關係與職場人際關係。先談個人的人際關係：與朋友、情人，以及其他我們珍視的人的關係。

80／20法則與人際關係有何相干？大大有關。在質與量之間有一種交換關係，而我們老是沒有在最重要的人身上多花時間，所以，80／20法則對於人際關係有以下震撼性的假設：

- 在我們全部的人際關係中，百分之二十的關係，給了我們百分之八十的價值。
- 在我們人際關係的價值中，百分之八十是來自百分之二十的關係。
- 對於這產生百分之八十價值的百分之二十關係，我們所付出的關注遠遠不到百分之八十。

列一張二十大關係名單

寫出二十個人名，這二十人是你的朋友和你重視的人，是你最重要的人際關係。把與這二十人的關係由最重要者開始往下排。所謂「重要」，指的是那份關係的深度和親密度，那份關係曾經給過你什麼程度的幫助，那份關係對於你認識自己和對自己的期許有怎樣的意義。現在請你先列這表，再往下讀。

我很好奇，你的情人或配偶在這張表上的哪個位置？在你的父母之前或之後？在孩子之前或之後？請誠實（不過，也許你讀完這一章後，應該把這份名單撕掉，免得惹麻煩）。

接著，把總共一百分的分數，按照每個人的重要性來給分。舉例來說，你名單上的第一個人非常重要，你覺得他的重要性等於其他十九個人加起來，那麼他就是五十分。你也許要前後多看幾次，多算幾次，確定總數加起來是一百。

不知道你的表是啥樣子？但如果它符合80／20法則的描述，你的名單應有兩個特徵：最前面四份關係（占總數的四分之一），占去大部分的分數（可能是八十分）；而且每個人與排他後面的那個人之間，恆有某一種關係。例如，第二名是第一名分數的三分之二或一半；第三名是第二名的三分之二或一半，依此類推。而有意思的是，如果第一名的分數比第二名多一倍，而依此排下去，則第六名大約只有第一名的百分之三。

做這練習時，你要一個一個名字回想，你與這人相處、談話或一起做某事所花的時間有多少

（不是把這人當主角的事不算，如看電影或看電視都不算）。把你放在這二十人身上的所有時間算為一百分，然後分配給這二十人。正常情形下，你會發現，你在這些給了你百分之八十人際關係價值的人身上所花的時間，不到百分之八十。

這個練習的含義應該很容易領會：質比量重要。把你的時間和精力花在最重要的人際關係上。

但有一件事要注意：在我們生命中重要的人，他出現的順序是有影響的，**因為我們對親密關係的能力是有限的**。此外，在質和量間有另一種交換，我們應該小心。這便是接下來要討論的重點。

村莊理論

人類學家主張，一個人所能建立的愉快及重要的人際關係，其數目有限。②在任何社會裡，常見的模式是一個人會擁有兩位重要的童年時代的朋友，兩位重要的成人朋友和兩位醫生；通常，有兩位性伴侶的地位遠超過其他性伴侶；普遍只談過一次戀愛；而在親人中只對一位特別有感情。不論地理位置、社會化程度或文化差異如何，所有人的重要人際關係數目是相似的。

上述觀察，形成人類學家所說的「村莊理論」（village theory）。在一個非洲村莊裡，所有的人際關係都發生在一個方圓幾百公尺的範圍內，且都是在一段短時間中形成的。對於我們其他人而言，這些重要關係可能散布四處，在我們的一生中延續，在我們腦中形成一個村莊。這腦中的位置一旦被占據了，就永遠不再空出來。

人類學家認為，如果你經驗太多，或太早有這些經驗，你就把日後培養更深刻關係的能力提早用光了。這理論也許可以解釋，從事某些職業或置身某類環境的人，如業務員、妓女或經常搬家的人，人際交往雖然頻繁，卻流於表面。

巴拉德（J. G. Ballard）提到加州一個進行心理復健的案例，對象是二十出頭、與罪犯交往的年輕女子。本復健計畫的主旨在於引導受輔導的女子進入新環境，由中產階級背景的義工與她們交朋友，邀請她們到家中。

這些女孩大都在非常輕的年紀就結婚了，許多女孩在十三、四歲時就生了第一個孩子。有些女子到二十歲時已結過三次婚。她們通常有過上百個男友，與男子有親密關係或生了孩子，但男友後來被射殺或入獄。她們經歷了各種歷程：感情關係、為人母、與情人分手、失去至愛的傷慟，十幾歲就經歷人生的一切。

後來，這計畫徹底失敗。因為那些女子根本無法與人交心，形成深刻的新人際關係。她們的能力已耗盡，人際關係的位置已填滿，再也騰不出空間了。謹向這樣的悲劇致意。它也符合80／20法則：一小部分的人際關係，等於大部分的情感價值。所以，**把人填入關係位置時要謹慎，而且別太早！**

職場關係和盟友

現在，話題轉向與工作有關的人際關係和盟友。

人可以做出令人稱奇的事；但欲有突出的個人表現，需要盟友幫助。光靠自己不會成功；唯有別人能讓你成功。所以，你要選擇對你的目標最棒、最有用處的人際關係和盟友。

你非常需要盟友。你必須好好對待盟友，將他們當成自己人，待他們如同對待自己。不要把朋友及盟友看成差不多一樣重要。應該要花力氣培養你與盟友的關係——你覺得這話是老生常談嗎？問一問你自己，你有幾個朋友做到這一點？然後問自己，是否已做到了。

所有的精神領袖都有許多盟友。連他們都需要盟友，所以你也需要。舉個例來說：耶穌靠著使徒約翰將祂介紹給大眾；接著是經由十二位門徒；然後是其他使徒，包括使徒保羅，他恐怕是史上最強的行銷天才。③

再沒有什麼事比選擇盟友及建立關係更重要。沒有了盟友和關係，你什麼也做不到；有了它們，你可以改變生活，通常還改變了你身邊其他人的生活，甚至對於歷史進程有所影響。

藉由一段歷史回顧，我們可以明白結盟的重要性。

個體結成有力聯盟，推動了歷史

提出80／20法則的帕列托，可謂「中產階級的馬克思」——他宣稱，歷史其實是由成功的菁英所造成的。④因此，活躍的個人或家庭，致力於躋身菁英階層，或取代菁英（若已是菁英，則繼續保持菁英身分）。

如果你也支持帕列托的說法或馬克思主義，接受他們的歷史階級觀，你便會說，菁英階層或有志成為菁英的人彼此間的結盟，是推動進步的力量。而這種情形下，當然個人就只是階級的一分子，然而，與其他同階級的個人結盟的個體（也可能與另一階級的個人結盟），也是最重要的東西。

有結盟關係的個人，其重要性可從若干歷史轉捩點明顯看出。如果沒有列寧，還會出現一九一七年的俄國十月革命嗎？可能不會；當然其後七、八十年的俄國歷史也就不是這個樣。如果沒有葉爾辛（Boris Yeltsin），俄國一九八九年那場推翻十月革命的改革還會成功嗎？假如葉爾辛沒有爬上一輛停在克里姆林宮外的坦克車，俄國共軍也許就封鎖住他們的政變了。

我們可以一遍遍玩上述這種「若沒有……，則……」的遊戲，以顯示個人對於締造歷史的重要性。如果沒有希特勒，就不會有大屠殺和第二次世界大戰。若沒有羅斯福和邱吉爾，希特勒或許會更早且更徹底統一歐洲。但有一個關鍵點常常被忽略：這些個人若沒有其他人際關係和盟友的協助，也無法扭轉歷史。

不論是任何領域的成就，⑤你都能看到，某些個人的成功，是靠著少數重要合作者之助，因而造成大影響。在政府，在大眾意識型態的運動，在商業界、醫藥界、科學界、慈善團體或運動界，都有這種模式。歷史並非由階級或菁英統治，依循預設的經濟或社會公式而運作；歷史是由少數願盡心盡力的個人，與少數親密的合作關係組成有效的合作而改變的。

你需要一些關鍵盟友

如果你已小有成功，你應當已明白盟友對於你的成就有多重要，你也會看出80／20法則的作用（除非你盲目地以自我為中心，而這是註定失敗的）。重要盟友的數目很少。

保守一點來說，你盟友所提供的全部價值中，至少百分之八十是由不到百分之二十的盟友所給的。對於任何一個有成就的人來說，若要列出盟友名單，想必是極長的一份。但在這麼上百人或更多的盟友中，各人所給你的價值是極不平均的。通常，其中五、六個會比其他的重要很多。盟友不在多，而在真正有用，而且你與各個重要盟友之間，以及盟友與盟友之間，都有真正的關係。他們能適時適地提供你所需的幫助，與你一起謀求共同利益。盟友必須信賴你，而你也得信賴他們。

為你自己擬一份「二十大重要商業盟友」的名單，把這二十人拿來與那些將你放在首要地位的其他合作關係做個比較，看你與何者接觸的次數多。全部盟友對你的總價值中的百分之八十，可能是這二十位貢獻的。如果不是，那麼這盟友（或這些）就不是真正好的盟友。

成就盟友

如果你事業有成，就請列出截至今日給過你最大幫助的人。把他們依程度排列，並為他們評分，十個人加起來總分一百。

一般來說，過去給過你最大幫助的人，未來也可能會幫你。不過，有時候有些列於名單後段的好朋友，由於升任某重要職位，或是因投資而大賺一筆，或是取得某種有意義的肯定，因而極有潛力成為你的重要盟友。所以，請你重新再列一次名單，重新給分，總分也是一百，但這次要依這些人在將來能幫助你的能力來定順序。

別人會幫助你，是因為與你有關係。最好的關係建立在五個屬性上：**彼此都喜歡對方的公司，互相尊重，經驗分享，有福同享和互相信賴**。在成功的商業關係中，這些屬性密不可分，不過我們試著一項一項分別討論。

喜歡對方　這五項屬性中的第一項，喜歡對方，是最重要的一點。如果你不喜歡和對方說話，不管是在他的辦公室、餐廳、社交場合或電話中，那麼你就不會和他有深刻關係。反之，他們也必須喜歡你的公司。

如果你覺得這道理太平常，誰都懂——請想一想，你有沒有為了工作而必須與某些人交際，但這些人當中你喜歡幾個？太多人在自己不喜歡的人身上花太多時間，這完全是浪費光陰！這樣很難受，很累人，代價很高，還會使得你沒時間做別的更好的事，對你毫無好處。所以，別再這麼做了！你應多花時間在你樂意聯絡的人身上，如果他們對你有益，那更好。

互相尊重　有些人的公司我喜歡，但我並不看重他的專業表現；也有人的專業表現我很尊敬，但他們的公司不得我心。如果我無法尊重一個公司的專業能力，我就不會與他們進一步發展事業關係。

如果你希望某人在專業上能幫助你，你就必須讓他們對你印象深刻。然而我們常常不清楚自己的實力。我有一位好朋友保羅，他對我事業的幫助相當大。有一次在一場董事會上，我和他都以編制外指導的身分列席。會上他說，他相信我有足夠的專業能力，但他其實沒有任何可資佐證的事實。他說這話後，我決定表現給大家看。我做到了。保羅立刻成為我重要的商業盟友。

分享經驗　前面提過村莊理論，說明人類在情感經驗上有一定的容納空間。同理，我們也有一定的空間來承載重要的專業經驗。互相分享經驗，特別是掙扎或痛苦的經驗，相當能拉近彼此距離。我有一位朋友，既是工作盟友也是生活上的好友，他是我第一份工作時的一個合作對象，他那時也是一個新人。我相信是因為我們倆都十分討厭那時在石油業的工作，所以才能發展出深厚的關係。

這表示，如果你正身處一項艱難的工作中，請試著與一位你喜歡且尊敬的人發展出盟友關係，使這份關係既深厚且有結果。不這樣做，你就錯失良機了！如果你現在並沒有什麼痛苦的遭遇，就去找個可以分享事情的人，讓他成為你的一個主要盟友。

有福同享　對於工作盟友來說，雙方都必須為對方付出——經常付出，長久不變。在有福同享的關係中，不能是單方面的付出，必須互有往還，並且要出於自然，而非經過計算。當你能幫助對方時就盡可能付出，而且是符合高道德標準的付出。這需要時間及思想。別等到他人開口了才伸出援手。

我在審視許多企業界的關係時，訝然發現，真正能互惠的關係很少見。即使具備友誼、尊敬、分享經驗及互相信賴等特質，大家常忘了與盟友有福同享。真是可惜，這是加強關係並為未來貯存助力的良機呀。

披頭四告訴我們：「到頭來，你所獲得的愛與你所付出的愛一樣多。」同樣的，到頭來，你在事業上所得到的幫助，會與你的付出一樣多。

互相信賴　信賴感使關係更緊密。若缺乏信任，則關係會迅速淡薄。想得到信賴，必須在所有時刻都誠實。一旦對方懷疑你言不由衷，即使你有你的原因或你是為了維持禮貌，信賴感都可能會消失。

如果你無法完全信賴某人，就不要嘗試與他建立盟友關係。不能互相信賴的盟友，關係不會長久。

但如果你可全心信賴對方，這使得你們的商業關係更快建立，更有效率，並可節省許多時間和開支。千萬不要因為你的猶豫、懦弱和狡猾而失掉信賴。

創業初期，小心建立盟友關係

有一個很好的心得：你應該發展六、七個一流的企業盟友，包括下列組合：

- 一或二個比你年長的導師。
- 二或三個同儕。
- 一或二個以你為師的人。

與導師的關係　小心選擇這一、兩位導師。是你在選擇，別讓他們選擇你，因為你可能會因此失去找到更好導師的機會。你所選擇的導師應具備以下兩項特質：

一、你必須能建立前述「五大屬性」關係：喜歡對方，互相尊敬，分享經驗，有福同享和互相信賴。

二、導師應該比你年長很多。不是太老但顯然會成功的人，更好。能幹又有企圖心的人，是最好的導師。

無可避免的，導師給弟子的教誨必然多過於弟子給導師的回饋，所以，若說弟子和導師的關係也是互惠的，似乎很奇怪。不過，導師必須獲得回報，否則他們會興致漸失。弟子必須回報以新的觀念、心智上的刺激、熱忱、勤勞、對於新技術的知識，或其他對導師有意義的東西。有智慧的導師，經常藉由和年紀較輕的弟子相處而跟上時代，或藉以了解是否有他們察覺不到的機會或威脅。

與同儕的關係　挑選同輩的盟友時，你的選擇可多了。在同輩裡面可能有許多潛力雄厚足以成為盟友的人。但你只有兩、三個名額待補；務必精挑細選。把具備「五大屬性」，有可能成為盟友的人列一份名單。從這名單中挑出兩、三個你認為會成功的人。然後努力讓他們成為你的盟友。

你是別人的導師　別小看這一點！如果這一、兩個弟子為你工作，最好是長期性的，那可能是你最大的收穫。

多方結盟

結盟關係經常形成網絡分布，關係裡的各盟友，大部分是互相有關係的。這些網絡可以變得相當有威力，或至少在別人眼中如此。他們通常很好玩。

但是別因此而樂昏頭，以為自己是主力結盟的一分子而自滿，因為你可能只是其中一個小角色。別忘了，所有真正的、寶貴的關係，都是雙向的關係。如果你和X與Y都有強固關係，而他們彼此也有一個盟友關係，這樣很好。列寧說，對於一條鏈子來講，鏈上最弱的一環就是整條鏈子的強度。因此，不管X和Y的關係多緊密，重要的還是你和X、和Y的關係。

對個人交友及職場而言，數量少一些但程度深厚一些的人際關係，好過廣泛而膚淺的關係，某一項關係比不上另一項關係。當你花了許多時間在某些人身上，結果卻令人失望，這就是錯誤的人際關係，應盡早結束。糟糕的關係會使你失去好的關係。因為，你只有那麼些空缺，別讓鳩占去了鵲巢，太早被無品質的關係占掉了這缺。精挑細選，然後維持下去。

我們已談到一個段落。下兩章特別寫給想在事業上起飛或賺更多錢的人；志不在此的讀者可跳到第十五章，看一看七種與快樂有關的習慣。

13 聰明人與懶蟲

培養有創造力的懶惰

聰不聰明和是否樂於工作，是性格中不會變的特質嗎？不。就算是認真工作的人，也能學著變懶一些。成為明星級員工的關鍵，在於激發這種「懶聰明」，並加以善用。懶聰明是可以栽培的。能不能多賺錢少工作，關鍵在於找到適合自己的事，而且只從事能增加高價值的活動。

「軍官只有四種。第一種，又懶又笨的。別管他們，他們沒有害處。第二種，聰明又努力的。他們是優秀的員工，審慎考慮每個細節。第三種，笨但努力。這些是威脅，必須立刻解雇。他們替所有人製造出額外的工作。最後一種是聰明的懶蟲。他們適合最高職位。」

馮．曼斯坦（Von Manstein）將軍，論德國軍官

這一章寫給真正有企圖心的人。如果你並沒有因為渴望致富或出名而承受著折磨，請跳讀第十五章。但如果你想要在激烈競爭中得勝，本章有些讓你眼睛一亮的建議。

文前引用了馮．曼斯坦將軍的話，他的話表達出本章的精義。本章希望以80／20法則為指引，讓你擁有成功的事業。如果馮．曼斯坦將軍是管理顧問的話，他一定能藉著左頁那張圖賺大錢。

這圖提出了一個建議，教你如何處理別人。而你怎麼處理自己呢？一般認為，聰不聰明和是否樂於工作，是人的性格中不會變的特質。不過本章的立場稍微不一樣。就算你是認真工作的人，也能學著變懶一些。而即使你自己或別人認為你是個笨蛋，你在某些事上也能是聰明的。成為明星級員工的關鍵，在於激發自己這種「懶聰明」，並且加以善用。我們接下來會看到，懶聰明是可以栽培的。能不能多賺錢少工作，關鍵在於找到適合的事，而且只做能增加高價值的事。

首先，我們看到，依80／20法則來看，對於真正在工作的人而言，酬勞的分配是既不平均又不公平。對此我們可以抱怨，也可以利用下圖來獲得好處。

酬勞分配普遍失衡

放眼生活的各個領域，頂尖人才享受著空前的優渥待遇，這現象最能說明80／20法則。在今日的職場，一小群專業菁英享有高得離譜的肯定與名氣，也過度受寵。

這在當代生活的任何範疇均可見，並且是舉世皆然：在職業運動界的棒球、籃球、美式足球、高爾夫球、橄欖球、網球或其他流行運動

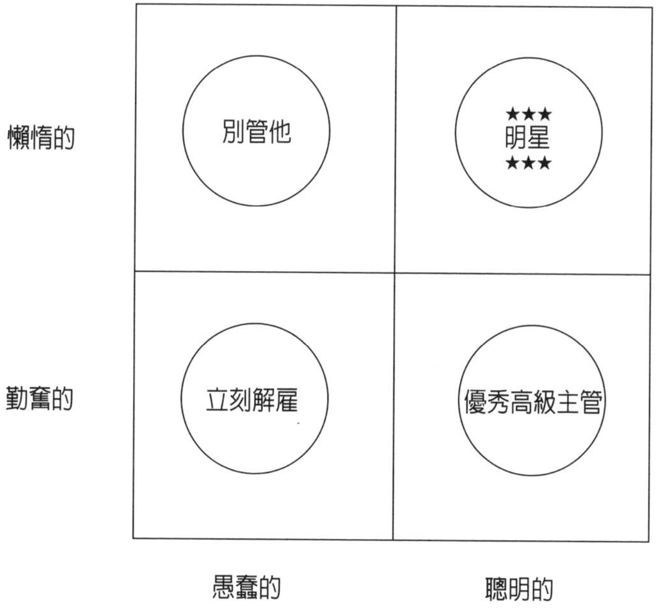

馮・曼斯坦矩陣圖

中；在建築、雕刻、繪畫或其他視覺藝術裡；任何形式的音樂；電影和戲劇；出版業裡的小說、食譜或自傳；甚至電視談話節目的主持人、新聞主播、政壇或其他可界定專業範圍的領域，專業人士的名字總是可以立刻躍出。

一個國家裡有多少人？但在上述這些領域裡活躍的專業人士只占小部分，通常不到全國人口的百分之五——數目如此少，但他們的名號廣為人知，占據了聚光燈的焦點，成為超級明星。他們相當於有品牌的消費品，讓人一眼就認得。

不僅如此，在流行程度與金錢的報酬上，同樣是集中在少數人身上。市面上賣出的小說中，超過百分之八十的銷售量集中於不到百分之二十的幾本。其他出版品如流行音樂的專輯和音樂會、電影，甚至商業類書籍亦然。在演藝界、電視圈也是如此。還有，高爾夫球和網球的比賽獎金，總獎金的百分之八十歸於不到百分之二十的職業選手；至於賽馬，百分之八十以上的獎金，落在不到百分之二十的馬主人、騎師和訓練人員身上。

整個世界逐漸市場化。位居專業頂尖位置者，占去了龐大的酬金，而不若他們優秀或名氣較小的人，賺的錢就差多了。

位居頂尖，且眾人皆識，大大不同於距離頂尖處不遠但只是在同好圈中為人所知。最有名的籃球、棒球或足球明星日進斗金；稍居其次的選手，日子只不過還算舒服。

為什麼贏家通吃

頂尖人物的所得比一般人高很多，其比例非常符合80／20法則（在大多數情形裡是90／10或95／5）。很多作者從經濟學或社會學的角度來解釋，何以頂尖人物享有超高酬勞。①其中最有說服力的說法是，有兩種情況造成這現象。其一，拜現代傳播科技之賜，超級明星和頂尖人物可以同時出現在許多人眼前。因為就整個成本結構來說，多方傳播、多製造一張CD，或多印一本書，花費實在微不足道。所以，多讓一個消費者接觸到珍妮．傑克森、J．K．羅琳、史蒂芬．史匹柏、歐普拉．溫芙蕾、芭莉絲．希爾頓、羅傑．費德勒、瑪莉亞．凱莉，或大衛．貝克漢，幾乎不必多花一毛配銷費用。

其實，讓大眾接觸到頂尖人物所需的花費，和讓大家接觸到次級替代人物的花費差不多，但是請到頂尖人物可要花高額代價，可能以千百萬元計。而每個消費者的邊際成本確實很低，通常平攤下來只有幾美分或幾分之一美分。那為何還要找頂尖人物呢？

這就牽涉到第二個原因：因為次級人物無法取代頂尖人物的才華和表現。而我們要最好的。如果清潔工人甲的工作速度只有工人乙的一半，則人家一定只肯出行情價的一半來請乙。但若某人只有老虎伍茲、席琳．狄翁，或安德烈．波伽利的一半好，誰要找他？而因為非頂尖人物所吸引的觀眾少，所以，就算你不花錢請來非頂尖人物，成本稍稍降低，但其經濟價值必較頂尖人物遜色許多。

贏家通吃是今日常態

不過，有趣的是，這種在頂尖人物與其他人之間獲利的懸殊情況，過去並不存在。例如四〇、五〇年代的籃球或足球高手並沒有賺太多錢；過去，優秀的政治人物去世時，環境仍是清寒的。愈往過去看，所謂贏家通吃的現象愈不存在。

例如十七世紀時的莎士比亞，較諸與他同時代的人，確是才華出眾的。達文西亦然。照理說──或照今日的標準來看，他們應該能善用才華、創造力和名氣，因此致富。可是，他們獲得的待遇，只不過相當於今日的一般專業工作者。

有才能的人獲得好待遇，這現象隨著時間愈來愈明顯。時至今日，個人的收入，與他的能力和市場接受他的程度有更密切的關係。因此，用數字來說明事實的80／20關係，在此可以很清楚看見。比起一百年前或上一代，我們現在的社會更算是一個由菁英階層領導的社會，這在歐洲最明顯，英國尤然。

在一九四〇、五〇年代，像博比．摩爾（Bobby Moore）這樣的頂尖足球員如果發了財，那可是會惹英國人群情激憤；這事在當時本是不合時宜的。到了六〇年代，英國報紙社論揭露了披頭四是百萬富翁的事實，同樣引起震驚。之後，流行樂歌手的身價如瑪丹娜至少達三億二千五百萬美元、小說家J．K．羅琳十億美元、脫口秀主持人歐普拉．溫芙蕾十五億美元，再沒有人覺得驚訝或憤慨。今天，我們不在乎身分階級，而是更看重市場。

另外有一個新的因素造成影響，這便是前面提到的傳播、電子通訊和ＣＤ和光碟片等消費產品的科技革命。所以，我們現在絞盡腦汁想的是，如何讓獲利達到最多——頂尖人物可以做到這一點。想找他們來固然要多花錢，但把這錢分攤到每一個消費者身上時，每人的負擔實在微乎其微。

成就恆遵循80／20法則

現在不談錢，而看看比較長久和比較重要的事。我們發現，不管在什麼行業，成就和名望總集中在極少數的人身上。使莎士比亞和達文西無法變成富翁的原因，是階級和傳播方式的限制，這是今日的我們難以想像的。不過，雖然他們不是富翁，卻一點也不減損他們的成就；為數極少的創作者，就算沒有賺大錢，依然對後世影響深遠。

也適用於不屬媒體的專業人才

儘管媒體超級巨星最吸引人注目也最被誇大，但80／20的待遇法則不僅存在於娛樂界。事實上，有名氣的人只占百萬富翁人數的百分之三。約七百萬左右美國人中的大多數，淨資產在一百萬至一千萬美元之間，他們都是高階主管、華爾街金融圈、頂級律師和醫生等專業人士。往上來看，擁有一千萬至一億美元的一百四十萬美國人中，身分為企業家的人數是較次一級百萬富翁這類別的兩倍之多。當所擁有的淨資產來到一億美元至十億美元時，富豪人數少多了，只有數千人，然而企業家和資金管理者則占絕大多數。在億萬富翁類別中也是如此，《富比士》（*Forbes*）雜誌於二〇〇七年所做的調查顯示，九百四十六位億萬富翁中，至少有一百七十八人是新進榜者，有十七位是再度進榜。

關於才能，總是出現80／20的模式，而科技帶來影響，把曲線變為接近90／10或95／5。過去，酬勞分配也許是70／30，但對最有名氣的人而言，他們的酬勞曲線一定接近95／5，甚至是更不平衡的曲線。

順著80／20甚至99／1曲線偏斜的財富分配模式，似乎已成為一種殘酷無情且令人害怕的趨勢。在一九九〇年至二〇〇四年之間，美國收入最高百分之一的人其收入增加了百分之五十七。而這百分之一人口中的前十分之一，其收入更是飆升了百分之八十五。億萬富翁的表現更好，他們的總資產在一九九五年達到驚人的四千三百九十億美元，但之後更增加了八倍，達到三．五兆美元。截至二〇〇七年，它至少成長了百分之二十六。在這一年，億萬富翁中有三分之二明顯地比上一年富裕，只有百分之十七的人比之前要窮。

何謂企圖心？

在80／20法則的世界中，什麼是造就成功的規則？你也許想放棄，不願在一個成功的路程迢遙漫長的世界中競爭。但我認為這是錯誤的想法。就算你的目標不在於成為世界首富，但世界仍日漸依循80／20法則分配利益。想要成就事業，有十條金科玉律。

十條金科玉律讓你事業有成

一、在一項小範圍的事上追求專精；培養一種核心技能。

二、你所找的這事是你喜歡的，而且你能脫穎而出，有機會成為佼佼者。

三、明白「知識即力量」的道理。

四、知道自己的市場和主顧客何在，並全心服務他們。

五、找出什麼是能給你八十分好處的二十分事物。

六、向最優秀的人事物學習。

七、及早自立創業。

八、盡可能多雇用能生產正價值的人。

九、除了你的主力技能自己做之外，其他的事全部外包。

十、以槓桿原理運用資金。

你的企圖心愈強，這些原則愈有價值，不過，事實上它們適用於任何層級的事業和企圖心。

以下我們將逐一說明，請你帶著80／20思考法，重新修訂你的事業。回想第259頁的馮・曼斯坦圖，找出能讓你又聰明又省力，並且好處多多的位置。

一、在一項小範圍的事上追求專精

趨向專業化，是全世界的生活通則；而在生物界裡，每一個物種尋找新的生態位置並發展新特徵，是生命本身的演化方式。沒有專業能力的小公司將會無法生存；沒有專業能力的個人，註定一輩子拿死薪水。

在自然界，究竟總共有多少物種無人確知，但想必是個大數目。而在商業世界裡，有利位置的數目也遠大於一般人的了解；此所以許多看來是在廣大市場中競爭的小公司，實際上在自己的有利位置上都可以領先，避開直接競爭。②

個人也一樣，與其在許多事上都只有淺薄認識，不如充分了解一些事，而最好專攻一件事。**專業化正是80／20法則的固有含義**。為什麼二十分的投入可以得到八十分的產出？因為具生產力的五分之一，比其他生產力低的五分之四更專業，更適合該任務。

凡是80／20法則能成立的地方，就見得到（在生產力低的五分之四）資源的浪費，並且需要進一步專業化。如果這生產力低的百分之八十，能轉往它們可以發揮的範圍求取專業化，則它們可能在新範圍變成有生產力的百分之二十。這種改變，能在較高層次上產生另一種80／20關係。

這個過程就是十九世紀德國哲學家黑格爾所說的「辯證」，③這過程可以不斷持續，成為帶動進步的引擎。我們可以從許多跡象上看出，在大自然與人類社會中，長久以來都有這種現象。

愈來愈專業化的發展，造就出水準愈來愈高的生活。

電腦是從電子業的專業化演變而來的；而後，進一步的專業化帶來個人電腦；而個人電腦的軟體愈來愈好用，也是專業化的結果；再專業化造出光碟片。至於可以帶來食品業革命的生化科技，也是如此演變而來，每一項新的進步都促進下一步的專業化。

所以，你的事業也應以類似方式演進，而知識是其中關鍵。在過去的職場中，有一項最顯著的趨勢：技術人員的力量與地位持續提升。以前是藍領階級的工人，藉著更專業化的資訊科技與專業知識結合，變得更為有力量。④現在，像這樣的專家所領的酬勞，比只粗通技術的經理人更高，也比他們重要；經理人的貢獻只不過是把專業人才組織起來罷了。⑤

就最基本的層面來看，想達到專業化需要一定的條件。在大部分的社會中，百分之八十以上的條件，由百分之二十的工作人口掌握。而在高度開發的社會中，是否擁有土地或是不是有錢，不再是區分階級的最重要因素；真正的因素在於是否擁有資訊。百分之八十的資訊，屬於百分之二十的人。

美國經濟學者暨政治家瑞奇（Robert Reich），把美國的工作力分為四種族群。最高族群是「符號分析師」，包括財務分析師、顧問、建築師、律師、醫生和新聞記者，他們處理的是數目、想法、問題和文字。這群人的智力和知識，是力量和影響力的來源。瑞奇稱這一族群為「幸運的五分之一」——這在我的字眼裡就是百分之二十——他們掌握了百分之八十的資訊和百分之八十的財富。

在最近受過學院訓練的人都知道，知識的分科愈來愈細。從某個角度看來，這令人憂慮，因為這表示在知識界或甚至全社會中，沒有誰能夠統合不同範圍裡的知識進展，並告訴我們這些知識的意義。但從另一角度來說，知識分科，代表知識需要專業化。

因此，對於個人來說，儘管時勢所趨，酬勞集中在頂尖人物身上，但知識的分科專門化使事情大有可為。你也許不會是下一個愛因斯坦或比爾・蓋茲，但少說你眼前也有數十萬有利位置可供選擇，讓你成為專業人士。你甚至可以發明自己的位置。

找出你的有利位置，可能會花很長的時間，但它是唯一使你得到高酬勞的方法。

二、你所找的這事是你喜歡的，而且你能脫穎而出

專業化需要審慎思考。你所選的區域愈狹窄，愈需要精挑細選。

應在你本來就感興趣並且也喜歡的領域裡追求專精。如果你對某事沒有熱情，那麼你就不可能在這事上領先群倫。

對某事懷有熱情，你以為很難嗎？不是你想的那樣。誰都會對某件事感到興奮，如果沒有任何一件有感覺的事，則雖生猶死。況且，近年來，幾乎所有嗜好、熱忱或職業，都能變成商業活動。

你還可以從另一個角度來想。凡是已到達顛峰的人，都是對自己所做的事懷抱熱情。熱情使人產生成就，也會感染別人，使所做的事效果加倍。

熱情是裝不出來的。如果你不熱中於目前事業，但你對成功懷有企圖心，你就應該停下手上事業。但在停止之前，先找出一項更適合你的事業。寫下所有你熱愛的事，然後判斷哪件可以成為一項有利的事業，然後選那個你最有熱情的事去做。

三、明白「知識即力量」的道理

能不能以熱情來創出一番事業，關鍵在於知識。你應該比別人了解某個領域的知識，然後想辦法把它推出，創造一片市場與一群主顧客。

知道許多關於一些事物的東西，這樣是不夠的，你至少必須在某事上知道得比別人多。努力加強自己的專業知識，不要停，一直到你比你的同業知道更多，做得比別人好。然後，藉著經常練習和不歇的好奇心，強化你的專業領導地位。如果你不能比別人知道很多，就別想領先。

行銷是有創造力的過程，而你必須為自己找出方法。也許可以採用相關行業裡別人成功的行銷經驗，但若沒有可資借鏡的例子，就不要這樣做。

四、知道自己的市場和主顧客何在，並全心服務他們

願意付錢買你知識的人，就是你的市場。最看重你服務的人，就是主顧客。

市場是你表現的地方。所以，你要決定，你該如何銷售你的知識。你是要以員工身分為一個有規模的公司或個人工作，或是以自由工作者的身分，為一些企業或個人工作？或是自創公司，

向別人銷售服務（你自己的和別人的服務）？

你是要提供原始的知識，再根據情況運用知識，或是要用知識創造產品？你是要發明新產品，在現有的半成品上增加價值，或是要當零售商銷售成品？

你的主顧客可能是個人或公司，他們能讓你所做的事獲得最高價值，並因而帶來待遇不錯的工作。不論你是雇員、半獨立、小老闆、大老闆，甚至一國元首，主顧客都是讓你維持成功的主力。不管你過去成就多高，道理都一樣。

可是，位居領先地位的人，卻常常疏忽甚至怠慢了他們的主顧客，以致失去原有地位。美國網球名將馬克安諾（John McEnroe）忘了，他的顧客是來看球的觀眾和職業網球比賽主辦人；柴契爾夫人忘了，她最重要的顧客是她保守黨的國會議員；尼克森忘了，他的主顧客是要求主權完整的中美洲國家。

為客戶服務固然重要，但他們必須是最適合你的顧客，你只需付出少少的努力，便能讓他們極為開心。

五、找出什麼是能給你八十分好處的二十分事物

如果你花了很多力氣卻只得到一點點成果，工作起來必是無趣的。如果你一星期要工作六、七十個小時，才勉強完成事情，或你老覺得趕不上進度，那麼你不是選錯了工作，就是方法完全錯誤。這時，你就沒有從80／20法則或馮．曼斯坦圖得益。

你該時時提醒自己，記住80／20法則的一些觀察。在任何領域中，八成的人只得到兩成的收穫，而有兩成的人輕鬆就獲得八成的酬勞。這多數人是哪兒做錯了？這少數人又是哪兒做對了？誰是那少數？他們能做的，你能嗎？你能以更精簡的方式完成嗎？你能發現更聰明且更有效率的方法來做嗎？

你與「顧客」之間關係好嗎？你在這個公司工作，對嗎？現在待的部門適合你嗎？工作內容適合你嗎？你如何以少少的努力讓顧客對你印象深刻？你喜不喜歡自己的工作？對它有熱情嗎？如果上述問題的答案都是否定的，今天就考慮換一個工作吧。

如果你喜歡自己的工作，喜歡你的顧客，但你沒有一帆風順，那麼你很可能是使錯力了。你只需花兩分時間就能得到八分結果的那兩分時間是什麼？什麼讓你耗費八成的時間卻無甚成就？少做一些吧！就這麼簡單，不過，執行這個改變會逼你打破所有的習慣與陳規。

在每一個市場，對每一位顧客，在所有公司和職業中，你都有辦法找到一種方式，把事情做得更有效率且更有效果，而且不只是好一點點，而是跨前一大步。仔細觀察你自己的工作或產業，找一找80／20法則。

在我工作的「管理顧問」這一行裡，80／20很明確：大客戶，好；大任務，好；與客戶有密切關係（個人之間的關係），好。不過，和客戶的總裁保持關係，很好；和顧客保持長久關係，很好。與大企業裡的層峰人士保持長期而密切關係，有大筆預算，並願意用新進顧問——哈哈，你可以一路笑著上銀行了！

你這一行裡的80／20法則是什麼？企業從何處獲得超高獲利，高得令人嫉妒的利潤？哪一個同事待遇好卻總是很輕鬆，還有時間沉浸在愛好的事物中？他們正在做什麼可愛的事？想！快想！快想想！答案就在某處，快去找。但別問業界有成的公司，別問同事，更別在書中尋求解答，因為這樣你只會得到老套的一用再用的方法。你要向業界怪傑學習。

六、向最優秀的人事物學習

在任何領域裡成功的人，當然都有一套花二十分力得八十分成果的方法。這不表示這些贏家懶惰或不肯盡心；他們一般都是非常努力工作的，而他們投注的心力和其他人一樣多，收穫卻比別人高數倍。這些贏家在質與量上的成果，把競爭者打得落花流水。

換句話說，贏家做事有一套自己的方式，他們通常以不同的方式思考和感覺。凡是在某領域出類拔萃的人，其所思與所為都不同於該領域中的一般人。這些贏家或許不自覺於自己做的事有別於他人，很少想這問題，也不談論。但就算贏家不說出他們成功的祕訣，經由觀察還是可以推論得知。

從前的人非常明白這一點。例如弟子待在師父跟前，學徒向工匠學手藝，學生藉著協助教授做研究而學習，新進藝術家花時間與有成就的藝術家相處——都是藉著協助與模仿，從而觀察佼佼者的做事方式。

你要願意出高價來為傑出的人工作，編各種藉口來和他們共處，觀察他們做事方法的特色。

你會發現，他們看事情的方式不一樣，管理時間的方式不一樣，與別人互動的方式也不一樣。如果他們所做的你也做到了，或甚至能做到同業通常不做的事，你才可能爬到頂尖。

有時候，不只是為最棒的人工作而已。在頂尖的公司裡，他們的公司文化就是主要的竅門——觀察他們的文化有何特殊之處，這特殊就是關鍵。恐怕你得先在一般公司工作，然後進一家頂尖的公司，觀察兩者的差異。例如我曾在殼牌石油公司工作，寫了許多備忘錄。然後我在瑪氏（Mars）食品集團工作，學會了與人當面溝通，並得到我想要的東西——這便是80／20法則：二十分的努力帶來八十分的成果。贏家有許多80／20法則。

觀察，學習，練習。

七、及早自立創業

調整你的時間，好讓你可以專注在能帶來比其他事多五倍價值的事物上；接下來，確定那賺得的價值能為你所有。在人生中，你應該盡早做到讓自己的工作價值全部歸自己擁有。

馬克思的「剩餘價值理論」指出：資本家雇用工人，工人生產所有的價值，而多出的價值被資本家據為己有。粗略地說，利潤是從工人那兒偷來的剩餘價值。

我認為「剩餘價值理論」胡說八道，但若反過來思考倒是能成立：只生產一般程度產出的一般員工，也許反而利用了公司，而不是被公司剝削。多數企業雇了太多經理人，而這些員工生產的是負價值。然而，運用80／20法則工作的員工，效率通常比平均水準高出數倍，所獲得的酬勞卻不可能數倍於同儕。因此，80／20法則式的員工，一旦自立門戶，往往對自己更有好處。

當你是自己的老闆時，你做的就是你賺的。這對運用80／20法則的人來說是好消息。

但假如你正處於快速學習的階段，便不適合自立門戶。假如你對公司的付出和你的酬勞之間不成比例，但公司教給你的東西很多，其價值遠高於酬勞不及之處。這情形在事業開展的頭兩、三年裡最常見。此外，經驗較豐富的專才加入一家新公司，而新公司比先前的公司要求較高，這時，通常只有幾個月時間會快速學習，不超過一年。

當學習時期結束後，就自立門戶吧。別太擔心有沒有保障的問題，你的專業知識與80／20法則就是你的保障——待在一家公司，也不能給你保障。

八、盡可能多雇用能生產正價值的人

如果說第一階段是善用時間，第二階段是確實獲得自己所創造的價值，那麼第三階段就是善用別人的力量。

你只有一個人，但你能雇用很多人，其中又只有少數能創造出大於雇用成本數倍的價值。最佳的槓桿作用是別人。就此而言，你不應運用非受雇人員如盟友的力量，但你能從你雇用的人身上得到最直接且完全的作用。

我用一個簡單的數字比喻來說明，希望有助於解釋為何雇用他人能獲得高價值。假設，藉由80／20法則，你的效率五倍於一般同業；又假定，你自立門戶了而且得到所有的價值。因此，你的成果最佳情況是平均的百分之五百，比一般情形多四百個單位的「剩餘」。

但是，假設你能找到另外十名專才，每個人都能立即（或受訓後）達到三倍於平均的產出。他們能力不如你優秀，但仍能創造出遠高於雇用成本的價值。再假設，你為了吸引或留住這些人才，而用超出行情百分之五十的薪水雇用他們，那麼他們的個別產值是三百單位，而成本是一百五十單位，因此，你從每個員工所獲得的「利潤」或「剩餘」是一百五十個單位。雇用十個人，你除了獲得自己創造的四百單位之外，還增加了一千五百個單位。所以你的總利潤是一千九百個單位，幾乎五倍於你雇用幫手之前的收入。

當然，你不是只能雇用十名員工而已，雇多少員工，要看你能找到多少個可以增加剩餘價值的員工，以及你們有沒有本事吸引顧客。通常，只要找到可以增加剩餘價值的員工，也就不怕吸引不了顧客，因為能夠創造超值的專業人員，就能找到市場。

很明顯的，你應該只雇用能創造正向淨值的人，亦即價值遠超過雇用成本的人——但這並不是說你只能雇用最好的。最大的剩餘價值，來自於盡可能雇用能創造超值的人，兩倍或五倍都行。在你的工作人力當中，仍可能出現80／20或70／30的分配。最高的絕對剩餘價值，也許與一個相當不平均的能力分布是共存的——你只要確定，這些人當中，表現最不好的，也能有比雇用他的成本還要高的產值。

九、除了你的主力技能自己做之外，其他的事全部外包

80／20法則是一項關於選擇性的法則。藉由專注於你最擅長的五分之一，你能達到最大效能。這項原則非僅適用於個人，也適用於公司。

最成功的專業公司或企業，只留下自己的主力技能自己做，其他的事全部外包。如果精於行銷，那麼就不製造；如果長於研發，那麼不但找別人製造產品，也把行銷與銷售發出去做；如果擅長大量生產標準化的商品，就不製造特殊規格或市場頂層的商品；如果在高邊際利潤的特殊商品上最強，就不進入大眾市場。

善用力量的第四個階段，是盡可能利用外包，讓你的公司盡可能簡化，全力貫注在強過對手數倍的領域。

十、以槓桿原理運用資金

前面我們主張善用力量，然而有效利用資本也可獲益。

所謂以槓桿原理善用資本，是用錢來獲取剩餘價值。在最基本的層面上，這是指若機器比人有效益時，便購買機器以取代人力。今日此法最有意思的方式之一，是用錢「大量生產」已在特定環境中成功的點子——事實上，這是用錢來複製某些在某特定公式中的訣竅，例子包括電腦軟體的行銷、速食店如麥當勞，以及清涼飲料的全球行銷。

摘要

酬勞的分配逐漸顯示出80／20法則：贏家通吃。真正有企圖心的人，必須立定目標，努力成為自己領域中的佼佼者。

在小範圍裡選擇專攻領域。追求專精。選擇適合你的利益。若你不喜歡自己正在做的事，就無法勝過別人。

想要成功，你需要知識，你也需要有見解，能洞悉如何以最少資源帶給顧客最大滿足。辨認出何者屬於可帶來八成報酬的兩成資源。

在事業初期，要盡可能把眼前可學習的全部學起來——而這唯有進一家頂級公司，為最棒的人工作才學得到。所謂「頂級」，乃以你所選擇的領域而定。

取得四種力量：首先，善用自己的時間；其次，自己經營，獲得百分之百的價值；第三，盡量雇用帶來正面價值的員工；第四，把你們無法做到事半功倍的事務外包。

如果這些你都做到了，你的事業將已成為一家公司。在現階段，請善用資本以增加財富。

如果你有意建立成功的事業，你也會有意增加你的錢。這些我們將在第十四、十五章討論，你會發現，使錢增加實在不難。

14 投資十誡

以錢滾錢非難事

大多數財富來自投資而非薪水，
從投資所獲得的利潤，遠比薪水收入更能致富。
那麼，能不能運用80／20法則的道理，
用二成的錢做投資而可獲得八成收益？
請遵照我的投資十誡：
讓你的投資哲學反應你的個性；
隨機應變，不要分散……

「凡有的，還要加給他，叫他有餘；沒有的，連他所有的也要奪過來。」
《馬太福音》第二十五章第二十九節

這章寫給手上有些錢、想知道如何運用的人。你可以選擇要不要閱讀。如果未來就像過去，那麼增值金錢是相當容易的。只要你把錢放到正確的地方，然後不管它，它就會自己生錢。

金錢也遵循80／20法則

當帕列托在研究收入與財富的分配時，發現了一種分配現象，我們今日稱之為80／20法則——這絕非巧合。帕列托發現，金錢的分配方式是可預期的高度不平衡。金錢似乎不喜歡被平均分配：

- 所得如果沒有因累進稅制而重新分配，它的分配似乎是不平衡的，少數人獲得最多的累計收入。
- 即使有累進稅制，財富的分配更符合此模式。想使大家的財富均等，比讓人人收入均等更難。

- 這是因為大多數財富來自投資而非收入，而投資所獲的報酬往往比收入更不平均。
- 由於採複利計算，投資更能創造高額財富。例如，持有股份平均每年增加百分之十二．五，這表示若你在一九五〇年投資一百英鎊，今天價值將高達約二十三萬九千七百九十五英鎊（二〇一七年）。一般說來，除非通貨膨脹太嚴重，否則真正的投資（去掉通貨膨脹之後）都能獲得不錯的回報。
- 各投資的複利報酬差別很大，有些投資比其他的好很多。這可以解釋何以財富的分配如此不均。年利率不同，會造成極大差別。假設年利率分別是百分之五、十、二十、四十，則本金一千英鎊在十年後分別累積為一六二九、二五九三、六一九一與二八九二五英鎊。百分之五與百分之四十差八倍，而複利率帶來十八倍的差別，存得愈久，其結果愈不成比例。奇怪的是，某些投資與某些投資策略，總是可預期地比其他方式高很多。

80／20賺錢之道

- 從投資所獲得的利潤，遠比你的薪水收入更能讓你致富。所以，你應盡早累積足夠的資金。想累積一些本金以進入股票市場，通常需要努力工作，並且少花錢；一段時間後，你的收入一定會高於支出。

但有時候上述規則不成立，那是當你：一，從遺產中分得或收受餽贈一筆錢；二，嫁入有錢人家；三，因買獎券或其他形式的賭博得到一筆意外之財；最後是犯罪。因遺產贈送或其他餽贈而獲得一筆錢，是無從預測的事；買獎券或因賭博得到一筆意外之財，也比較不可能，所以根本不要考慮；因犯罪致富絕不可行；所以只有和富有人家結婚有可能發生，但誰也不敢說。

- 因為投資的複利效果，所以你若沒有及早開始投資，就得長壽些；或者是早早開始投資，又活久一點。盡早開始投資，是最容易控制的策略。
- 根據過去曾經有效的方式，盡早發展一套穩定又長期的投資策略。

然而，我們如何用二成的錢做投資，而獲得八成收益？①想要獲得八成收益，就要遵照我的投資十誡：

一、讓你的投資哲學反映你的個性
二、隨機應變，不要分散
三、主要投資在股市
四、做長期投資

五、在股市低迷時投資最多
六、掌握不住股市時，追蹤它
七、投資在你專精的領域上
八、可投資於新興市場
九、把不賺錢的投資剔除
十、賺得的錢要經營

一、讓你的投資哲學反映你的個性

個人投資的成功關鍵，是必須在一大堆曾經成功的投資技術中，找到能配合你個性的技術。大部分投資人受挫，**不是因為他們所用的技術有問題，而是因為該方法不適合他們。**投資人應該從大約十個成功的策略中，選擇適合自己特性和知識的策略。例如：

- 如果你喜歡玩數字遊戲，也喜歡分析，你應該支持分析式的投資法。在這一類的方法中，我喜歡的是價值投資（value investing）、認股權證投資。
- 如果你生性比較樂觀，就不要過度採用上述的分析式投資法。樂觀的人往往不是好的投資人，所以，千萬不要讓這句話在你身上應驗；如果情況已不對勁，快賣掉股票，把錢放在追蹤指數型基金上。

樂觀的人有時候可以是很棒的投資人，因為他們選擇了兩、三支他們覺得大有可為的股票，日後果然大漲，顯得很有遠見。不過，如果你是樂觀的人，請壓抑一下你的狂熱，分析一下為何這些股票如此吸引你，把原因寫下來。在買股票之前，試著冷靜思考。一旦投資股票有虧損時，務必賣掉——即使你對它們有感情。

- 如果你既不喜歡分析，又非樂觀有遠見，而是講求實際，建議你專攻一個你熟悉的領域，跟著一個過去曾成功的投資人而行。

二、隨機應變，不要分散

能隨機應變，表示你可以自己決定投資方向。顧問和財務管理人員的危險不在於他們拿走了一大筆利潤，而在於他們不太可能向你提供一個不平衡的投資組合建議。人們說，藉由分散投資可以將風險減到最低，所以將資金分散在債券、股票、現金、不動產、黃金和收藏品。但大家太過強調減低風險了。如果你想致富，改變未來的生活方式，你就需要有高額的獲利。如果你採取不平衡的投資組合，則變富有的機會較大。這表示你應該只投資在那些你確定會有高獲利的地方；通常只該投資在一個地方……

三、主要投資在股市

股票市場是最佳的投資工具——當然，假如你剛好鑽研某個冷僻市場，如十九世紀中國絲綢或玩具兵，成為此中投資專家，便不在此列。

長期以來，投資股票所得的回饋，比把錢存在銀行或是購買公司或政府債券的獲利更高得嚇人。舉英國的例子來說，如果在一九五〇年以一百英鎊投資在一個成長中的社會，到了一九九二年，可拿到八百一十三英鎊；但同樣的一百英鎊投資在股票市場，會獲得一萬四千一百九十八英鎊，超過十七倍。②這樣的情形在美國和幾乎其他股票市場都出現。

安妮·舍伯（Anne Scheiber）是美國一位私人投資者，她對股市一點兒專業知識也沒有，在第二次世界大戰後，她將五千美元投入藍籌股。然後那些股票就這麼放著直到一九九五年，五千美元變成了二千二百萬美元：比原始投入資金漲了四千四百倍！

對於不是專家的人而言，股票是一個相當容易的投資工具。

四、做長期投資

不要在同一支股票上進進出出，也不要將你的投資組合視為整體而常做買賣。若不是明顯的失敗投資，最好長期持有你已買下的股票。買賣股票既花錢又耗時，如果可能，請用十年的心情，甚至二、三十或五十年的時間來投資。如果你做的是短線，你就不是投資而是在賭博了。如果你受不住誘惑，想把股票換成錢拿來花一花，這就不再是投資了。

當然，在某個階段，你也許會想要自己享受收益，省得讓你的繼承人日後坐享其成。使用財富的最好方法，通常是創造一個新的生活方式，讓你能自由運用時間，追求自己喜歡的事業或活動。這時，投資時期就結束了。但若你現在還沒有足夠的錢來促成這樣的轉變，就請繼續累積財富吧。

五、在股市低迷時投資最多

雖說股票的價值隨時間而累積，但股票市場是循環發展的，這一方面是因為受到經濟活動循環的影響，不過主要還是受情緒的帶動——聽來驚人，但人類受到流行、動物本能、希望和恐懼等心情的牽動，導致不理性的情緒，造成股票的價格或漲或跌。帕列托觀察到這個現象：

在倫理、宗教和政治活動中，可以見到一種類似商業活動之循環的節奏。

在行情趨漲時，所有宣揚某一企業將會獲利的論點都會被接受，然而，同樣的論點在價格下跌時期必定會被排斥。一個人若是在下跌期間不願承擔股票買賣風險，總相信自己是出於理性的考慮，但他不知道，自己在無意識間，早已接受了種種的日常經濟消息，而變得卻步。一旦股票上漲，他也許會買下過去曾猶豫的股票，或是不見得更有成功機會的股票，而他仍會認為自己是理性的，也依然不會意識到，自己從不相信變為相信，乃因周圍環境的作用。

股票市場裡的人都知道，大部分的人只在股票上漲時才買，股票下跌時就賣。資本家因為練習的次數較多，會理性一些，儘管有時他們也會隨著心情而做決定，但這是他們主要獲利的來源。在一個繁榮時期，任何一個說這段上揚時期會持續下去的平庸理論，都有很大說服力；而如果你說，價格不可能無限上漲，一定不會有人聽的。③

整個價值投資的理念已漸漸變為如此：逢低買進，逢高賣出。成功的投資人葛拉漢（Benjamin Graham），寫了一本有關價值投資的寶典，而他所提出的規則屢獲驗證，④其中許多規則可做為你的指引。簡單來說，可將之濃縮為以下三條規則：

- 當所有人深信股票會漲，都在買進時，暫且觀望。相反的，當別人都對股市悲觀時，你可以考慮逢低買進。
- 在衡量股價究竟是過高或是便宜時，只用本益比（P/E ratio）做為判斷基準。用股價除以稅後所得，這個數字就是該股票的本益比值。假設某檔股票一股價二十五元，而每股稅後所得是兩塊五毛錢，則該股的本益比是十；而在樂觀時期，股價上揚至五十元，但每股稅後所得仍為兩塊五毛，則這時的本益比變成二十。
- 一般說來，當一個股市的平均本益比超過十七時，⑤是個危險訊號；這時候不要投資太多。若本益比值低於十二，則可以進場；低於十時則絕對要買。你可以問你的股票經紀人，或讀一份好的財經報紙，以了解目前市場的平均本益比。如果有人問你，你說的本益比是哪一個，你就擺出有學問的樣子告訴他：「笨蛋，就是那個歷史本益比嘛。」⑥

六、掌握不住股市時，追蹤它

你可以遵循某些教訓，然後發展出一套合乎自己個性和技術的投資方法。以下將討論這些可能的方法，不過，選擇自己的投資，將可能使你的表現略遜於股票市場的指標——假如你要選擇自己的投資方式，或是你不想以自己的方式來做實驗，你就應該「追蹤指數」（index tracking）。

追蹤指數也稱為追蹤市場，意思是依股票市場的指數來買股價在指數之內的股票。唯有當股票掉在指數之外時（這就是表現不佳的股票），你才賣掉它；而當新的股票首次進入這指數時，才買它。⑦

若你花點力氣閱讀財經報紙，便可以自己追蹤這指數。或你也可以將錢放在追蹤基金（tracker fund），由基金經理人幫你操作，你只要花一點點年費就行。在基金這方面，你可以依你選的市場來買基金。一般而言，最保險的做法是在你自己國家的市場裡，找一家追蹤最大績優股的基金。

追蹤指數的風險相當低，然而一段時間後的收益很不錯。如果你決定循此途徑，你就不需要繼續研究接下來的四道投資誡命。

至於自己做選擇，這的確風險較高，但它比較好玩，所得的報酬更值得。下面四條投資誡命正是要討論這部分。不過請記著，本條規則所說的是「掌握不住股市時，追蹤它」。如果你自己的方式行不通，務必盡快減少損失，追蹤指數。

七、投資在你專精的領域上

80／20法則的精義，在於熟知一小部分的事——這就是追求專精。而這用在投資上特別行得通。如果你決定要自己買股票，就要專攻一個你熟悉的領域。

達到專精後，最大的好處是它帶來無窮的可能性。例如，你可以鑽研你工作的那個產業，或是你所愛的事物的產業，或任何你感興趣的領域。若你喜歡購物，也許你可以專攻零售業股，當你注意到新的連鎖店興起，每家新店似乎都充滿買氣，你也許可以投資在這家連鎖店。

即使你一開始不是某方面的專家，但你可以稍微投資在一些個股上，也許是某個特別的產業，然後盡可能學習關於這個領域的知識。

八、可投資於新興市場

成長中的市場不會出現在已開發國家；要在開發中的國家，經濟才會快速成長，股市仍在發展中。這種成長中的市場包括亞洲的大部分（日本不在此列）、非洲、印度次大陸、南美洲、中歐和東歐的前共產主義國家，以及歐洲外緣的葡萄牙、希臘和土耳其等。

基本理論非常簡單：股票市場的表現，與整體經濟的表現有密切關聯。因此，應投資在貨幣流通最快，GNP預期成長率最高的國家：新興的股票市場。

還有其他原因使新興市場成為極佳投資標的：在新興市場裡，有一大片等著私有化的空間，而這些空間正是生錢的好地方。在一九九〇年左右，東歐共產主義突然瓦解，許多新興國家不得不採取自由市場策略，這是在原社會結構崩壞之後，極可能為投資者帶來利益的對策。通常新興國家的股票價值非常高，因為他們的股市一開始時的本益比相當低，但隨著市場的發展日趨成熟，私人企業規模漸大，很可能本益比就升高，而股價也隨之上揚。

但在新興股票市場做投資，其風險必然比在自己國家做投資時更高。新興市場的公司歷史較短且較不穩定，加上整個國家的股市可能會因政權轉移或物價大漲而崩盤，幣值可能下跌（你所持股票的市值亦隨之下跌），而且你會發現，你投資進去的錢不容易抽回來。此外，就開支和佣金來說，在新興國家投資的成本較高，也更可能被股市大戶賺走。

進入新興股票市場的投資人，必須遵守以下三大方針。第一，只在新興股票市場中放入你全部投資組合的一小部分，不要超過百分之二十。第二，只在這個新市場的價格相對較低，而且該國的平均本益比低於十二時，才可以把你打算放在新興市場的大部分基金投入。第三，做長期投資，而只在本益比已相當高時再把錢抽出來。

儘管有上述顧慮，但長期來看，新興股票市場極可能表現優異，在這些市場做些投資還是聰明的做法，也會很有樂趣。

九、把不賺錢的投資剔除

如果你所買的股票下跌，比你買它時的價格跌了百分之十五，這時就該賣了它。務必嚴格遵守這項規則，如果你想日後以較低的價格把它買回來──請至少等到它的價格已好幾天（最好是幾星期）不跌了再說。

這一條「百分之十五規則」也適用於新投資：賠到百分之十五時，就抽手。

只有在一種情況下不必遵循本誡命：假如你是非常長期的投資人，不想隨股票市場起伏而受干擾，而且沒時間常常監管投資情況。在一九二九到三二年，一九七四到七五年，以及一九八七年的幾次股票大崩盤期間，凡能守住股票的人，日後獲利情況都不錯。不過，有些在跌了百分之十五時賣掉股票（這時還可能賣得掉），並在市場回升百分之十五時再買的人，情況更好。

這條百分之十五規則和個股有關，而和整個市場無關。如果某支個股跌了百分之十五──就應該要賣掉它。然而，長期守住股票鮮少使人賠錢，倒是有很多人，因緊抱下滑的股票不放而造成損失。就個股來說，目前趨勢就是最佳的未來趨勢。

十、賺得的錢要經營

減少損失，但可別斬斷獲利。最佳的長期投資指標，是一次又一次賺錢的短期獲利。別太早取走短期的利潤——你要抵抗這誘惑。許多投資人犯了最嚴重的錯誤：他們很快就拿到了不錯的好處，但失去更豐厚的利潤。沒有人因為不能快快拿到好處而破產，但很多人因此不可能成為大富。

還需探討兩種更進一步的80／20法則：

- 分析了長期持有的投資組合後發現，投資組合裡的百分之二十，帶來百分之八十的獲利。
- 一位長期持有個人投資組合的投資者，他百分之八十的獲利，來自他投資組合中的百分之二十。而在一個完全屬於普通股的投資組合裡，百分之八十的獲利，來自其中百分之二十的股票。

上述兩原則何以成立？原因在於，通常只有極少數的投資能有優異表現，而帶來極豐厚的利益。因此，像這種超級明星一定要從頭到尾放在組合裡，讓它利上加利。在安妮塔．布魯克納（Anita Brookner）的小說中，某主角臨死前還叮嚀，「絕不可賣掉大藥廠葛蘭素（Glaxo）這支股票」。

想從超級明星股上得到百分之百的獲利並非難事：在一九五〇或六〇年代，有IBM、麥當勞、全錄等企業；到了七〇年代，是殼牌石油、通用、或瑞典藥廠阿斯特拉（Astra）等；八〇年代早期有美國運通、美體小舖等，後期則是微軟公司。如果投資人在獲利百分之百時就賣掉，可不就錯失這些股票日後數倍於此的增值？

優秀的企業總是會形成保持績優的良性循環。除非推動好企業持續進步的動力反轉為使之衰退，否則你就不該考慮出售它的股票。在此要再提一遍首要規則：當股票價格從最近的最高跌了百分之十五時，再考慮出售。你可以先設定好，當該股跌到它最高價的百分之十五這一點時，你就要賣。一旦掉了百分之十五，顯示趨勢在變；若未及此，就一直守著，除非環境逼得你非賣不可。

結論

錢子生錢孫。不過，有些繁殖錢的方法會有多元的結果。十八世紀的英國詞典學者約翰遜（Samuel Johnson）說，男人在賺錢的時候最是天真，輕易就被利用。此話一針見血，一語道出累積財富──不論是藉由投資或一份成功事業──的道德層次。

不論追求任何一種目標，都無道德高低之分；但追求到該目標後，並不保證就對社會有用或自己能得到幸福。所以，賺錢和追求事業成功不是錯，但都有變成以賺錢、以追求成功為目的的危險。

成功確實可能帶來後遺症。有了財富，就必須管理它；必須和律師、稅務顧問、銀行業者和其他相關人員打交道。前一章討論到，在專業上有所成功，必然需要更多的專業；而若欲成功，你必須做到頂尖；欲達頂尖，你必須把自己當做一家公司來經營；欲將力量做最有效運用，你必須雇用許多人；欲使業務得到最大價值，你必須運用別人的資金，善用資金，使之增加，使之利上滾利。你的交往範圍擴大，給朋友和親人的時間減少。

成功令人樂陶陶，你很可能樂昏了，因此失去重心，失去自己的看法，也失去個人價值。如果你想大叫：我不要成功了，完全是可以理解的反應。你想躲開！

所以，合理的做法是從事業抽身而出，拋開賺錢的事，仔細想想人生最重要的課題：快樂。

15 存在以快樂為目的

兩種方法，七大習慣

沒有太陽的日子，大多數人抬頭只看見烏雲，

有些人卻發現雲塊周圍露出了光線暈邊。

對於只看見烏雲的多數人來說，

大部分的快樂，的確發生在短暫時間裡——

這不正是80／20式的分布？

一旦出現這種不均關係，便表示有所浪費，有待改進。

我相信，每個人都能再快樂一些。

「性格不等於命運。」

丹尼爾．高曼（Daniel Goleman）①

亞里斯多德說，人類所有活動的目標都應是快樂。這麼多年下來，我們沒有怎麼聽亞里斯多德的話。也許，他應該先分析快樂與不快樂的原因，告訴我們如何才能快樂些。

80／20法則真的能應用於快樂上？我相信它能。對於大多數人來說，大部分的快樂時光，的確發生在極少的時間裡。如果真的有80／20快樂法則，那麼會有一項假設：百分之八十的快樂發生在百分之二十的時間裡。我把這假設拿來測試我的朋友，要他們把他們的每一星期細細分成一天一天，以及一天裡的各時段，把每一個月分成一周周，把每一年分成一個月一個月，或把一生分成一年一年，細細分析。結果，我所實驗的人當中，三分之二的人表示，有明顯的不平衡現象，而且接近80／20的模式。

這個假設並非在所有人身上都成立。有三分之一的朋友並沒有出現80／20的模式，他們快樂的時間分布得較平均，而有意思的是，整體而言，這三分之一的朋友似乎比另三分之二的朋友快樂。

這個發現頗符合一般認知：大部分時間都很快樂的人，整體而言就是比較快樂的人；那些只在少數時間覺得短暫快樂的人，在生活中是比較不快樂的。

這也符合本書的概念：一旦出現80／20關係，便表示有所浪費，有待改進。但更有意義的是，80／20法則也許能使我們快樂些。

兩種讓你快樂一些的方法

一、找出你最快樂的時間，然後盡量增加快樂的時間。

二、找出你最不快樂的時間，然後盡量減少不快樂的時間。

能讓你覺得快樂的活動，就多多去做，少花時間在其他事上。容易讓你覺得不快樂的活動，就減少。讓自己變快樂一些，最好的辦法就是別再不快樂——你以為自己不能控制，其實你可以，只要你避開那些你知道一定會使你不快樂的情況。對於那些非常不能讓你感到快樂的活動（或是讓你覺得不快樂的活動），請想一些有系統的辦法讓你稍微喜歡這些活動一點——方法行得通最好，如果行不通，就想想該如何避開這些情形。

對於不快樂無能為力？

如果你知道有些人似乎長年不快樂（這些人常常被冠上「心理不正常」的封號，這名詞聽似客觀，卻非常模糊而且無益於解決問題。這些人也許是使世界悲慘的原因），那麼你也許會認為，前述兩種方法太過簡單，而且假定了我們人有控制自己快樂的能力，其實許多人有根深柢固的心理問題，無法控制自己快樂與否。我們每個人快樂的能力，不都是命定的，或受到童年經驗決定？我們真的能決定自己快不快樂？

無庸置疑，就是有些人天生比別人快樂；有人覺得杯子總是只有半滿，而有人覺得杯子只有一半是空的。心理學者和精神病學家相信，一個人快樂的能力，是由遺傳、童年經驗、腦部化學作用和生活重大事件等交互作用而共同決定的。顯然，一個成年人無法改變基因、童年經驗或過去的不幸事件。所以，動不動就逃避責任的人，很容易把自己的失敗怪罪於外在因素。

還好，常識、觀察和最近的科學證據都顯示，雖說老天發給每個人一副快樂程度不同的牌，如同人人有不同稟賦，我們卻可以自己努力，把這一副牌玩得更好，並在人生這場牌局中，逐日改進我們玩牌的技術。

每一個成年人，由於遺傳因素和童年受訓及運動的程度不同，所以運動能力不同；但藉由合理和規律的運動，仍可以大幅改善身體狀態。同理，我們也許因為遺傳與背景的影響，有不同的聰明程度，但人人可以訓練並開發自己的心智能力。我們受到基因與環境的影響，也許比較容易發胖，但只要維持健康的飲食與運動，大多數肥胖的人都能瘦一些下來。那麼，就理論來說，我們變快樂一些的能力與上述例子有何不同？

大部分的人都有過這樣的經驗：我們認識的人或朋友，在物質生活上有所改變，但由於他們個人的某些行為，使得他們更快樂或不快樂。新的合夥人、新的事業、新的住處、新的生活方式，或甚至採取不同的生活態度，這些都能讓一個人的快樂變得不同，而且都是人可以掌控的。所謂快樂由天註定的假設，並不可取，它只在相信宿命論的人身上應驗。人可以改變自己的命運，這是事實，它鼓勵我們，以那些能運用自己自由意志的人為榜樣。

科學證明，自己可以決定快不快樂

受到其他科學領域新發現的驅策，心理學和精神病學（精神病學比經濟學更讓人覺得前途黯淡）終於帶來讓人開心的前景，與我們的日常知識和生活中的觀察相符。

過去，遺傳學是十足的命定論，把人類複雜的行為都歸因於遺傳基因。有一位遺傳學先驅，倫敦大學學院（University College, London）的鍾斯（Steve Jones）教授指出：「有人宣稱，躁鬱症、精神分裂和酒精中毒係由單一基因造成。自此，過去一切必須放棄。」②現在，知名神經精神醫生告訴我們：「心理精神免疫學這門新領域告訴我們……人類以一個整體來行動……證據顯示，我們在日常生活的所思所感，以及我們的生理與心理，其間有著微妙的平衡。」③換句話說，在某個限度裡，你可以選擇自己是要快樂或不快樂，甚至健康或不健康。

見微知著

這並不表示，過去有關童年經驗（或其後的不幸遭遇）重要性的研究，自此便要完全拋棄。我們在本書第一部看到，混沌理論注重「對初始條件的敏感依賴」。這表示，在任何現象的早期，任何偶然事件和看似不重要的原因，最後都可能會造成極大影響。

童年時發生的大事，會讓我們生出對自己的看法：有人愛我們，或是我們沒有人疼愛，我們聰明或不聰明，受重視或不受重視，可以冒險或必須服從權威，這些自我看法會影響我們一生。最初的信念，不論是否出於客觀的依據，會持續一生，終而實現。此後的種種事件，如考試結果不理想、失戀、找不到自己喜歡的工作、事業失敗、被炒魷魚、健康不佳等等，都會使我們偏離正軌，更強化我們對自己所抱持的負面看法。

回到原點找快樂

這是個冷酷的世界，未來淨是不快樂的事？我不這麼認為。

十五世紀的人文學者米蘭朵拉（Pico of Mirandola）指出，人類和其他動物不一樣。[4]其他受造物的天生條件完全不能改變，而人類卻擁有未被確定的本質，也就有塑造自己的能力。其他的受造物都是被動的；唯有人類能主動。牠們是被創造出來的；我們創造自己。

當我們不快樂的時候，我們會知道是什麼事使我們不快樂，而且能拒絕接受不快樂。我們可以改變思考與行動的方式，把盧梭的話反過來說，人處處受束縛，但可以做到無入而不自得，我們可以改變自己看待外在事物的方法，即使我們無法改變它們。不只如此，我們還可以運用聰明，改變我們面對快樂或不快樂的姿態。

加強EQ，使自己更快樂

當代作家如高曼等人，把學者口中叫做IQ的智力，與情緒智商（EQ）做一對比：「（情緒智商是指）能自我激勵和能延緩滿足的能力；管理自己心情且不讓沮喪影響思考的能力；能同情別人，能懷抱希望。」⑤情緒智商比智力更能決定一個人是否快樂，但我們的社會不重視情緒智商的發展。

高曼說：

「擁有高智力，不保證日後能發達，有地位，過得快樂。我們的學校和文化重視學業上的能力，忽視情緒智商。情緒智商是一組特質——有人也許稱它為個人特質，它和我們的命運息息相關。」⑥

好消息是，情緒智商能培養也能經學習而得：當然是在小孩時期，不過在生命中的所有階段都可以。高曼說得好：「天性非命運」，這句話表示，藉由改變天性，我們可以改變命運。心理學者塞利格曼（Martin Seligman）指出，「焦慮、悲哀和憤怒，不會不經你的控制就爬到你身上……你可以用想法來改變你的感覺。」⑦有七種證實有用的方式，可以讓你在哀傷與沮喪剛剛冒出來時就把它們趕走，使它們不致傷害你的健康與快樂。此外，養成樂觀的習慣可以使你少生病，過得更快樂。

高曼表示，快樂和腦神經傳導的過程有關：

「快樂帶來生理變化，其中一種變化是在腦中央逐漸阻止負面感覺產生，並增加精力，使憂愁的思緒安靜下來……有一種靜謐，使身體更快從不安情緒所引起的生理反應中恢復過來。」⑧

找出能自己擴大樂觀思想並切斷消極思想的施力點。你在什麼情況下最樂觀或最悲觀？在何處？和誰在一起？你在做什麼？天氣如何？每一個人根據環境與情況不同，會有不一樣的情緒智商。藉由小憩片刻、選擇自己的偏好，以及做些你最能控制自己和最有益的事，你可以增強自己的情緒智商。當然，最容易使你情緒失控的局面，你可以避開，或把它出現的次數減至最低。

改變看待事物的方法

若我們以憂鬱和負面的方式思考，會把事情弄得更糟，然後我們又覺得，真的無處可逃了，這就陷入自己加給自己的沮喪之中。當我們從憂鬱中走出來，就會發現，出路一直都在那裡。我們可以用幾個簡單的方式訓練自己，例如找人作伴，改變屋子擺設，或強迫自己運動，以此逐步破除憂鬱的模式。

有許多人遇到極悲慘的遭遇，例如被關在集中營的人，或身患絕症的人，他們以樂觀的態度來面對，改變自己觀點，增進求生能力。神經精神病學諮商師范威克（Peter Fenwick）醫生表示，凡事樂觀的人並不是傻子，而是因為健康的自我保護機制有其生理基礎的理由。⑨樂觀似乎是成功與快樂的重要成分，也是生活最大動力。依照堪薩斯大學的心理學者施耐德（C. R. Snyder）的定義，所謂「希望」，指的是「相信自己可以依自由意志和自己的方式來達成一己的目標」。⑩

改變對自我的認知

你有沒有想過，自己算是成功的人或是不成功的人？如果你覺得自己是不成功的人，那麼，一定有許多人比你不成功，而且在別人眼中，也的確不如你（但這些人不認為自己不成功）。他們對於自己成就的認知，使得他們成功快樂。而你自認不成功，是這感覺使你不成功。

同理，你認為自己快樂或不快樂也是一樣的。美國前總統尼克森宣布停止越戰時，所持的理由是美國的目標已經達成。他沒有說出全部的原因，但那又如何！停戰了，美國才能開始重建自尊。你可以決定自己的感覺，並因而快樂或不快樂。

請選擇想要快樂。你有義務讓自己快樂，也讓別人快樂。如果你不快樂，則你的夥伴和其他長久與你相處的人也不那麼快樂。因此，你有責任要快樂起來。

心理學者告訴我們，快樂的感覺與自我價值的認知有關。想要快樂，得要擁有肯定的自我形象；自我的價值感可以培養，也應該培養。你做得到：放棄罪惡感，拋開自己的弱點，專注於自己的優點並加強之。

記住所有曾做過的好表現、大小成就，所得到的一切好回應。你有很多值得一提的事，把它說出來，或至少想一想。這會對於你的人際關係、成就和快樂造成影響。

這麼做你可能覺得是在欺騙自己。事實上，若你對於自己有負面認知，這才和自我欺騙一樣帶來罪惡感。我們不斷在訴說與自己有關的事——我們也必須說，因為世上沒有什麼是客觀的事實；與其選負面的事來說，何不告訴別人正面的自己。如此一來，你就會開始快樂，進而感染到別人。

運用你所有的意志力讓自己快樂起來。想著自己正面的故事，並相信它們！

改變事情，使自己快樂

讓自己更快樂還有另一個方法：改變你遇到的事情。沒有人可以完全控制事情，但我們可以有多一點把握。

如果說，使自己快樂起來的最好方式是不要再不快樂，則我們最該做的第一件事，正是避開那些容易使我們沮喪的情況或人。

最常見到的人

醫學上的證據顯示，如果我們擁有知己，那麼極大的壓力也變得可以應付。但占去我們大部分時間，成為我們日常生活如居家、工作或社交之一部分的人際關係，大大影響了我們的快樂和健康。

俄亥俄州立大學心理學者卡西歐波（John Cacioppo）說：

「你生命中最重要的關係，以及你每天所看到的人，可以決定你的健康。這份關係愈重要，對你健康的影響愈大。」⑪

你每天看到誰？他們使你較快樂或不快樂？你能依照他們使你快樂或不快樂的程度，調整一下你與他們相處的時間嗎？

避開蛇窩

誰都有許多無法妥善處理的狀況。我從來不懂，為什麼要教人別怕蛇——避開叢林（或寵物店）不是比較合理的做法嗎？

引起每個人難過的原因不同。我只要遇到沒道理的官僚系統就會生氣；面對律師幾分鐘後，我會感到壓力增加；塞車時我會急躁；不出太陽的日子，我常微微感到難過；我討厭和很多人擠在同一個空間裡；我受不了別人在我面前編造藉口，細細描述他們無法控制的問題。

如果，我是必須在交通繁忙時通勤的人，或得和律師一同工作，又住在冬日漫漫的瑞典，我一定會沮喪得不得了，可能控制不住自己。但我已學會盡量以實際方式避開這些情形：我不通勤，不在尖峰時間搭乘大眾運輸系統，我會花一星期或一個月去享受陽光，我派別人去面對那些官僚，我駕車繞開塞車地段，即使那樣要花較多時間，我盡量不讓生性悲觀的人向我做報告，我的律師打電話給我五分鐘後，電話會神祕地自動斷線。結果，我非常快樂。

你必然也有自己的壓力點，把它們寫下來，現在就寫，然後有意識地讓這些情況遠離你的生活。寫下你會如何做，現在就寫。按月檢查你做到多少。只要有一個小勝利，便恭賀自己一聲。

在第十章裡，你找出了自己的不快樂群島。分析或反省這些導致你不快樂的原因，通常能帶來很清楚的結論。你討厭你的工作！配偶令你沮喪！或說得更精確一些：你討厭你工作中的三分之一；你與配偶的朋友或姻親不能相處；老闆帶給你精神上的折磨；你討厭家事。很好，你終於看到問題了。現在，想辦法解決……

每日的快樂習慣

當你去除了——至少已開始行動——這些不快樂的原因後，把大部分精力拿來尋找快樂的事。找快樂，最棒的時間就是現在。快樂的本質是存在主義式的，只存在於當下。過去的快樂留待回憶，未來的快樂正在計畫，但快樂只能在現下感受。

所有人都需要一套類似飲食運動習慣（事實上也有相關）的快樂習慣。以下是我的七大每日快樂習慣：

一、運動
二、用大腦
三、靈性或藝術性的沉思與刺激
四、日行一善
五、抽一小段時間與一位朋友小聚
六、款待自己一次
七、向自己道賀

運動身體使你快樂。我在運動後感覺很棒，因為人類的身體在出力後會釋出腦內啡（endorphin），這是一種天然的抗憂鬱劑，其作用類似某些令人開心的藥（但腦內啡沒有危險，也不花錢）。每日運動是必要的習慣，如果你不養成習慣，你的運動量一定會大大不足。在需要工作的日子裡，我通常在上班前運動，以確保運動時間不會被驟增的工作壓力擠掉。如果你常出差，務必訂出運動的時間，必要的話，調整飛機班次，以配合運動時間。如果你是高階主管，不要讓祕書把任何的會議放在十點之前，這樣你才有充分時間運動。

讓日子快樂的另一個辦法是用你的大腦。工作可以給你這種心智的激勵，但如果你的工作沒有這種效用，你就要每天做一些知性或腦力的練習。視個人興趣而有一大堆方法：填字遊戲，閱讀報章雜誌，讀書，與聰明的朋友針對一個抽象主題討論至少二十分鐘，針對時事寫篇短文或報導，或做任何需要主動思考的事（看電視是被動的，不算，即使是看高階的節目也不算）。

第三，要有靈性或藝術性的刺激。聽起來嚇人，其實不然：聽一場音樂會，進美術館、戲院或電影院，讀一讀詩，欣賞日出日落，觀星，或出席任何使你愉快的場合（甚至包括觀看球賽和運動賽事，參與政治聚會，上教會或逛公園）。冥想也很有效。

第四個習慣是日行一善。這不一定是慈善工作；可以是順手做到的善意行為，例如為別人的停車計時器付費或幫別人指路。一樁簡單的利他行為，也可能對你的靈性有極佳效果。

第五，抽一小段時間與一位朋友小聚。這必須是不被打擾的私密談話，至少要半個鐘頭，但形式不拘（喝杯咖啡或飲料，吃一餐飯，或悠閒散個步）。

第六個習慣是款待自己一次。先寫下所有能令你自己沉浸其中的事，列一張清單（別擔心，不必給任何人看）。每天至少款待自己其中一項。

最後一個習慣：每天臨睡前，為自己能遵循快樂習慣而向自己道賀。這樣做的用意，是要讓你更快樂而非不快樂，你可以為自己計分，做到一項算一分，每天有五分以上就是成功。如果你沒做到五項，但仍完成重要的事且覺得非常快樂，還是要恭喜自己過了有價值的一天。

快樂的中期戰略

除了前述七個快樂習慣之外，以下是七條快樂生活的捷徑：

一、把你能控制的範圍擴大
二、設定可達成的目標
三、有彈性
四、與伴侶的感情好
五、擁有幾位快樂的朋友
六、擁有幾位親近的工作盟友
七、開展你的理想生活方式

第一條捷徑是**把你能控制的範圍擴大**。無法掌控自己的生活，會造成很多不安與不確定感。我寧願走一條比較繞但我熟悉的路，而不願嘗試我不知道但較近的路。公車司機比車掌更沮喪，更容易得心臟病，原因並不只是工作中缺乏運動，而是公車在行駛時，他們能控制的東西很有限。在大型的層級制度中工作，易導致疏離感，因為不能操縱自己的工作情況。自行創業能決定自己的工作時間與行程，比受雇者快樂許多。

盡量讓你的生活中可控制的範圍加大，這需要妥善規畫，且通常小有風險。不過，因風險而來的利息可是不容小覷的。

設定可達成的目標，是第二條捷徑。心理學研究已經顯示，當眼前挑戰是合理的難度時，我們可以達成最多。太容易的目標讓人自滿，停留在平凡表現上。但太困難的目標——設下這種目標的人，充滿罪惡感，或出於處罰心態而要求別人——實在不道德，而且使人覺得自己是失敗者。記住，你正在努力變快樂些，在設定目標時如果你沒把握，寧可設簡單一些的目標。對於你的快樂來說，一個較輕鬆但易達成的目標，比一個艱難但會失敗的目標更能使你快樂，不要在乎較難的目標可以使你有更好表現。如果必須在成就和快樂之中擇一，那就選擇快樂。

第三條捷徑：**當偶發機會干擾了原定計畫和期望時，要有彈性**。披頭四的約翰，藍儂曾說，所謂生活，就是當我們計畫著某事時發生了不在計畫中的事。我們必須堅持計畫，這才是我們計畫生命，而非生命計畫我們；但我們又必須隨時有準備，人生總會隨性安排意料外的活動給我們。我們應開心接下這些人生插曲。最好把生活中未經預期而來的部分融入計畫中，以便進入更高層次。如果我們無法想像，便應把突發事件處理掉。如果兩種方式都不管用，我們便應泰然接受這意外的部分，然後繼續塑造我們能掌握的部分。不要被突發的意外破壞了生活，不要對它生氣，不要因此懷疑自己或陷入痛苦。

第四，**與一位快樂的伴侶發展親密關係**。我們生來就會想要與另一個人發展親密關係。而選擇伴侶，是生命中少數（屬於百分之二十裡面）能決定我們是否快樂的抉擇之一。性吸引力是宇宙的一大祕密，而且顯示了80／20法則的極端形式：真正的化學作用會在一瞬間發生，所以在百分之一的時間裡，你感受到百分之九十九的吸引力，你立刻知道，就是他／她了。⑫但是80／20法則讓你有所防備：此後，將會出現危險和被浪費掉的快樂。記住，理論上，你有可能與許多人結合，這種腦部急速充血的情形還會發生。

如果你還未選擇伴侶，務必小心，你的快樂受伴侶很大的影響。為了你的快樂著想，也為了愛，你會想要使你的伴侶快樂。但如果你的伴侶本就生性快樂，或他每日遵循某些快樂的方法（例如我的快樂習慣），要讓伴侶快樂就比較容易。若與不快樂的伴侶結合，你也極可能會不快樂。與自尊和自信程度低的人一同生活，不管你們多麼深愛對方，都會有如夢魘。如果你是非常快樂的人，你可能可以讓一個不快樂的人快樂，但你得變出很多把戲。

兩個不算很不快樂的人深深相愛，有強烈的決心要快樂，也有使自己快樂的計畫，他們會想辦法讓對方快樂；但我不看好。兩個不快樂的人，即使相愛也會把對方逼瘋。如果你想要快樂，請選擇一位快樂的伴侶。

你可能已經有一個不快樂的伴侶，如果這樣，你自己的快樂或許會大大減少；為了讓伴侶快樂，成為你們倆的大事。

捷徑五是**培養與幾位快樂的朋友之間的深厚友誼**。根據80／20法則的預測，你從朋友處所得到的滿足感，大部分來自少數的親密朋友。這法則也顯示，你的時間可能配置不當，花太多時間在泛泛之交上，卻很少花時間在要好的朋友身上。解決方法是，先決定誰是你的好朋友，然後為好朋友預留你時間的百分之八十。你應該盡可能多建立深厚的友誼，因為他們會使你快樂。

捷徑六和捷徑五相近：**與幾位你喜歡的公司同事發展出盟友的工作關係**。並非所有工作上的關係都可以變成朋友關係；這種情形下，友誼可能極薄弱。但有些人你應該與之結成親密朋友暨盟友；這些人是你願意放下你的立場去支持的人，而他們也會願意不管自己的立場支持你。這不僅有助於你的事業，也會為你的工作帶來無限樂趣；這讓你不致在工作上被孤立，而且能將工作和遊戲結合。這種結盟可帶來完整的快樂。

最後一條長久保有快樂的捷徑：**開展你和伴侶想要的理想生活方式**。這需要在工作、家庭和社交生活間達到和諧。這表示你住在你想工作的地點，擁有你想要的生活品質，有時間照顧家庭和參與社會事務，而且在工作中和工作外都很快樂。

快樂是一種責任。我們應選擇快樂。我們應該致力於獲得快樂——這樣，我們便與那些我們最親密的人，甚至不期而遇的人，一同分享我們的快樂。

16 躲起來的好朋友

開發你的潛意識力量

假如，我們能學會正確認識潛意識，
讓它按照我們的設定來運作，
潛意識會成為我們的最佳盟友。
等你學會怎麼讓潛意識發揮力量，
請幫助你的親朋好友，讓他們也能這麼做。
沒有什麼能像這些做法，
稍微付出一點努力，就有滿滿的收穫。

撼動世界的力量，在你的潛意識裡。

美國心理學先驅威廉・詹姆士（William James）①

在流面下方，輕輕且淺淺，
我們的所言所感，在流底下，
如此輕淺，我們的所思所感，在那流淌，
強勁朦朧深層的無噪聲，
是我們真正感覺到的主流

維多利亞時期詩人馬修・阿諾（Matthew Arnold）②

我們都有一個躲起來的朋友，它幾乎不用花費什麼力氣，就能產生驚人的結果。我們成不成功、幸不幸福，有很大一部分由這個躲起來的朋友決定——儘管如此，我們之中卻沒有什麼人借助這個朋友的力量，讓它把潛力發揮出來。我所說的是我們的心智，尤其是那最有力量的「80／20」——我們的潛意識。假如，我們能學會正確認識潛意識，讓它按照我們的設定來運作，潛意識會成為我們的最佳盟友。

什麼是潛意識？

偉大、但如今完全遭人冷落的法國心理學家賈內（Pierre Janet），是第一個發現潛意識，並為潛意識命名的人。他說，在掌管思想和推理的意識心下方，有一部分心智（或大腦）很強大，會對我們的情感、行為產生強烈影響，他將這個部分稱為**潛意識**（subconscious）。③但佛洛伊德對「潛意識」一詞嗤之以鼻，他比較喜歡用「無意識」（unconscious）這個說法，他主張「意識和無意識，才是適當的對仗」。④大家都知道，佛洛伊德認為，無意識儲存不愉快的記憶、欲望和神經症（neurose）——簡單來說，就是一切社會所不允許、被意識所壓抑的事物。榮格對無意識的看法就實際和正面許多。他說，假使沒有無意識來儲存大量的記憶和知識，我們的心智「就會變得淩亂不堪」。⑤

現代心理學站在榮格這一邊，對無意識或潛意識（兩個名詞可以互通；我將在這本書裡使用「潛意識」一詞）抱持有建設性的觀點。美國國家心理衛生研究院的腦部研究與行為實驗室主任麥克蘭（Paul MacLean）博士發明了「三重腦模型」（Triune Brain Model）。根據他的說法，人類的大腦裡，年紀最輕的是意識——也就是**皮質**，這個部分至少有四萬年的歷史，而且還在演化當中。**哺乳動物腦**就老多了，約有五千萬年的歷史；它掌管感覺和情感，哺乳動物會因此照顧自己的後代。而**爬蟲腦**更老，兩億五千萬年前就演化出來了，爬蟲類因為它而存活下來。所謂的爬蟲腦，包括人類在內的哺乳類動物也有爬蟲腦，它掌控所有身體機能，例如：心跳速率、呼吸和生殖功能。爬蟲腦很偏執，但這是有用的偏執，它讓我們注意到威脅生存的事物，使我們產生「挺身對抗或逃之夭夭」的反應。我最近到普羅旺斯度假，就是這個腦，在我差一點踏到大馬路的時候，警告我不要走過去。沒多久，一輛汽車就從路上疾駛而過。

也就是說，我們的意識專門處理推理和思考等人類才有的特質；潛意識則包含我們的爬蟲類和哺乳類動物能力，處理所有幫助我們活下去的身體機能（爬蟲腦），也處理我們的情感和記憶（哺乳動物腦）。

意識和潛意識的關鍵差異

- 潛意識比意識範圍大多了，據估計，潛意識占腦容量的百分之九十二。
- **意識心一次只能做一件事**——這就說明了，為什麼你絕對不行邊開車邊打簡訊或打電話。但潛意識可以同時執行無數件任務。
- 意識能記下來的事情有限，但潛意識卻幾乎沒有記憶的限制（雖然我們能透過意識回想起來的事情可能很少）。
- 潛意識沒有意識那種負責指揮管理的智力。潛意識不會過濾資訊——它直來直往，按照事情真正和確切的模樣，將一切記下來。所以，潛意識是衡量觀點的磅秤，而不是思考的機器。互相衝突的資訊出現時——例如，我認為自己是「堅強」的人，不是「懦弱」的人——**潛意識會受資訊的強弱、「新舊」和頻率所影響：**

強弱是指對事物的看法有多強烈，以及這些看法受情感的影響程度有多深。當我們真的很在意某件事情的時候，強弱程度會傳到我們的潛意識裡。

新舊是指看法的時間新舊——最近產生的觀點似乎落在潛意識的「最上方」，這點跟意識情況一樣。

頻率是指，跟相反的觀點相比，你有多常表達出同樣的觀點。潛意識深受重複影響。

潛意識和意識一樣，會有「認知失調」的問題——也就是說，潛意識不能同時抱持互相矛盾的看法，必須全心支持某個前後一致的觀點。

潛意識和意識的不同之處在於，在訓練有素的情況下，意識會辨別資訊的好壞和區分真假。

•

潛意識處理圖像和情感；意識處理推理和邏輯。舉例來說，我們也許知道電視廣告是偏頗的，關於產品的價值，廣告幾乎沒有提供什麼真實的資訊，但廣告針對的是潛意識，訴諸情感的手法，可以產生非常大的效果。有趣的是，過去半個世紀左右，科技的變遷正在逐漸改變意識和潛意識之間的「輸出／輸入」交換比例，由潛意識占據上風。麥克魯漢（Marshall McLuhan）主張，由電視的出現揭開序幕的電子世代，將以影像和情感訴求為主，正在取代數百年來印刷技術的主導地位，也因此取代了推理判斷的主導地位。⑥研究大腦的雷杜克斯（Joseph LeDoux）表示，人在做決定的時候，幾乎總是以情感為出發點——「大腦狀態和身體反應是情感的基本情狀，人意識到的感受，則是加在情感蛋糕外面的糖衣裝飾。」⑦

不過，有其他研究人員證實，我們的情感有很大一部分，是由表現在我們的話語和文字當中的意識思維所決定。意識和潛意識的中間地帶充滿反饋回路。我們要對自己的想法小心謹慎！

- 讓我們把「意志力」這個詞拆成兩半——意識擁有「意志」，而潛意識擁有「力量」。想要透過意識，將意志力發揮出來，是一件自相矛盾的事。如神學家威廉斯（Harry Williams）所言，「我從不認為，自己可以只憑意志力，就召喚出這種提升自我的力量。意志力這個概念本身隱含著分化——兩樣東西，以相反的方向互推」。⑧要改變這個情形，方法是把「意志力」拆開——讓意識（意志）指揮潛意識（力量）。我稍後會說明可以怎麼做。
- 想要了解意識意志和潛意識力量之間的拉扯，還有另外一個方法，就是將「意志」與「想像」擺在一塊兒，互相比較。發明自我暗示的知名法國心理學家艾彌爾．庫埃（Emile Coué）曾說：「當**意志**和**想像**互相衝突的時候，總是想像勝出。」⑨意志來自意識，想像來自潛意識。意識要達成目的，靠的不是意志力，而是要讓來自潛意識的想像發揮作用。
- 意識是知識存在的地方，而潛意識是創意存在的地方。舉個例子，不然，超現實主義藝術是從哪裡來的？薩爾瓦多．達利習慣坐下來，放鬆自己，做做白日夢，讓他畫的那些奇怪景象，有如魔法一般出現在腦海裡。為了想起這些景象，他訓練自己用手握住一個堅固的東西，腦中出現影像就把手鬆開。東西掉到地板上把他吵醒，他就把看到的影像畫出來。⑩

- 意識可以記住過去、擘畫未來，但潛意識只會永遠活在當下（之後再深談這點）。

最後一點，意識運作很辛苦。思考簡直對它是一種傷害，這就是為何許多人避免思考的原因。但潛意識是在隱蔽的地方不停運作，一點都不費力。

潛意識為什麼非常符合80／20法則？

第一，不需要意識辛苦運作，潛意識就能產生絕佳的結果。它能讓我們保持健康，還提供讓我們有創造力的情感和記憶，幫助我們改變世界。還有什麼能像潛意識這樣，如此不費吹灰之力，就能帶來這麼多好處？另外，要是我們努力讓它運作，反而會讓潛意識沒有發揮的空間——少即是多，多即是少。

第二，如果我們像達利那樣巧妙地接近潛意識，只要發揮小聰明、動點手腳，就能達成了不起的目標和成就。

第三，潛意識的運用情形符合典型的80／20分配（確切來說，是99／1分配）。我希望趨勢不會一直這樣下去，但目前看來，刻意運用潛意識的人不到百分之一。儘管如此，這一小部分的人，創造出絕大多數的成就。

科學家運用潛意識取得科學突破，例子不勝枚舉。他們遵循相同的模式。某位科學家被某個問題難倒，找不到答案，努力好幾年卻一籌莫展。沮喪之下，他把工作丟到一旁。突然有一天，科學家在做某件日常事務，完全不想事情或是正在做夢，睡到半夜醒過來的時候，答案出現了。

對法國數學家龐加萊（Henri Poincaré）來說，這一刻是在巴黎街頭等著搭巴士、跟朋友聊天的時候。「我繼續聊，」他描述，「但我非常確定，問題解開了。」[11]對哲學和數學家羅素（Bertrand Russell）來說，這個時刻發生在劍橋，他要替菸斗添購一袋菸草的時候。

得到諾貝爾獎的德國有機化學家凱庫勒（August Kekulé），花了好幾年尋找一個化學結構的理論。最後，他放棄了。一八五八年夏末，他在倫敦的一輛公共馬車上層做著白日夢，看見跳舞的原子和分子，就是這個畫面讓他想出結構理論。[12]後來，他想弄清楚苯的碳原子結構，又遇到解不開的難題。但一八六二年，他在夢中看見好幾隻蛇咬住尾巴，讓他推斷出，構成苯的碳原子以環狀的模樣呈現。[13]

顯然，愛迪生、馬可尼（Guglielmo Marconi）、凱特林（Charles F. Kettering）、愛因斯坦、美國博物學家阿格西（Louis Agassiz）、瓦特（James Watt），以及其他許多科學家，都有類似的經驗。[14]根據科學歷史家孔恩（Thomas S. Kuhn）的描述，科學家會發現，他們的資料和普遍為人接受的理論之間，差距愈來愈大。孔恩指出，新的理論幾乎很少來自於意識推理：

「實際上，新的典範（paradigm），或可以進一步闡述的充分暗示，是突然出現的，有時是在半夜，有時是在深陷危險的情況下。個人如何發明（或發現自己發明了）將已收集資料排序的新方法，那屬於最後迸發階段的本質，至今仍然難以理解，而且或許永遠如此。」⑮

孔恩描述的是，在潛意識的運作下，不論科學家本人是否注意到，這種將資料在記憶中分類，然後想出具有說服力的新模式，是無法透過意識辦到的。

給學子善用潛意識的忠告

參加考試的時候，先把你要回答的問題統統讀一遍，再回答第一個問題。這樣一來，你的潛意識就會在你用意識回答第一個問題的時候，針對接下來要回答的所有問題，不斷努力組織答案。等你要回答後面的問題時，答案就會滔滔不絕地湧現。

潛意識的三個主要用途

有創意的解決辦法

愛因斯坦說過一句有名的話：「創意，比知識重要。」如果你想用創意來解決問題，不管問題是什麼，**潛意識都能幫你想出有創意的解決辦法**。以下提供幾個實際應用的例子：

- 任何有創意的表達形式，包括：繪畫、雕塑、作詩、寫歌（歌詞和音樂）、寫書（小說和非小說類）、廣播
- 發明新遊戲（線上或非線上遊戲）
- 創業
- 發現科學與技術的創新
- 開發新產品
- 在社會理論和應用上取得突破
- 管理學理論，以及如何取得競爭優勢

大衛．布魯克斯（David Brooks）曾經寫道：

「潛意識是天生的探險家……天生就會在各種因素出現時衡量因素的重要性。在意識忙於處理別的事情時，它忙來奔去（同時處理好幾件事情），不斷努力比較新的解決方法和舊有模式，或是試著重新安排問題的各個面向，直到問題全面取得平衡為止。它在尋找關聯、模式、相似點的時候追著感覺和象徵跑。它會運用各式各樣的心理學工具——包括情感和身體感官。」⑯

達成個人目標

把目標寫下來並經常檢視的人，達成目標的機率比較高。至於你該不該為自己設定目標，則是另外一個問題。以下是我的看法：

- 如果你真的很想在這個世界上有一番作為，如果你想達成非凡的成就，或想賺大錢，設定目標是一件好事。
- 如果你不是**真心**想要實現目標，只是覺得自己應該設定目標，那麼目標可能會令你覺得苛刻難受。也許現在目標還沒找上你，你應該等待你的目標出現。

如果你真的很想達成目標，運用潛意識是最靠得住和最簡單的達標方法。

靜心

平心靜氣可以說是普世的追求。我們都想重返伊甸園的純樸夢幻之境，既能做自己，又能和世界融為一體，過著和諧愉快的生活。浪漫詩人威廉・華茲華斯（William Wordsworth）說，他覺得大自然是他自己的一部分：「很多時候，我無法將外在事物看成自己以外的存在，我和我看見的所有事物融為一體，彷彿這些事物和我精神上的本質沒有分別，而是存在其中。」⑰想要恢復意識與潛意識之間的和諧狀態，讓我們的心靈與左鄰右舍、全體人類的心靈，重新達到融洽的狀態，我們要讓自己浸淫在真誠和美好的事物當中，追求個人成長和雙贏。

如果我們就是自己腦中所想的樣子，那我們要讓最高尚和最有創意的想法浮至意識的表層，和進入潛意識的最深層。這個追尋的過程不一定要跟宗教扯上關係，但一定會符合某些道德上的特質，因為，這樣才能達到內心平靜、和外界融為一體的境界。

「凡是真實的、可敬的、公義的、清潔的、可愛的、有美名的，若有什麼德行，若有什麼稱讚，這些事你們都要思念。」⑱不管是基督徒、不可知論者還是無神論者，對我們大家來說，這都是很好的建言。原因不是我們應該這麼做，而是因為，這是讓我們和自己的內在，以及他人的內在，建立起良好關係的方法。

發掘潛意識的新模式

大部分談潛意識的書籍，都把發掘潛意識變成一件相當複雜的事情。但是我認為這件事非常簡單。如下方的圖表所顯示，潛意識發掘分成三個階段：

第一個階段是意識思維，用來找出我們想要潛意識替我們做的事情，以及怎麼讓潛意識知道這件事。這個階段並不複雜，但這是三個階段當中最困難的一個——我們必須認真思考要讓潛意識做些什麼。

第二個階段要把我們的想法傳入潛意識。雖然許多書籍都對這件事情小題大作，但這個步驟其實非常快速、簡單。

第三個階段是從潛意識提取答案或產出。這個階段也很容易，前提是我們要讓潛意識把訊息傳遞給我們。

如果你不相信在第二階段和第三階段運用潛意識又快又有效，請想一想，假設你把鬧鐘設定在七點，然後

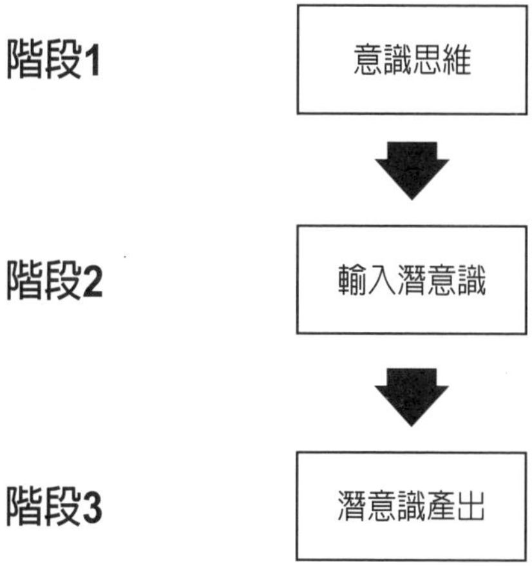

你正好在七點的前一分鐘、鬧鐘響起之前，就醒過來的經驗。這是你心智中的哪個部分在發揮作用？

它不可能是意識，因為醒來之前你處於睡著的狀態。發揮作用的是潛意識。很多人懶得設鬧鐘，他們會向潛意識下達指令：我要在早上七點整清醒。如果你心裡還保持任何一絲懷疑，不妨試試。

再來，你可以去讀潛意識或與「正念」（mindfulness）相關的書，可以找到很多詳細、複雜的方法，教你怎麼透過「進入α腦波狀態」、「冥想」或其他技巧，來接觸潛意識。但這些都是不必要的方法。第二階段和第三階段再簡單不過了，你需要的裝備就只有你的心智。

階段一：意識思維

就跟所有強大的心智歷程一樣，想要只花一點點精力，就能把過程發揮得淋漓盡致，而你必須謹慎「**思考自己究竟想要辦到什麼**」。這是在第一階段，需要提點你的原因。我會針對潛意識的三個主要用途，給予不一樣的提示：

針對「有創意的解決辦法」，規則是：

- 為了讓潛意識接收到明確的指令，一次只能選擇一個議題。
- 問題或議題必須是你真的很在意的事情——解決這件事對你來說很重要。這件事可能牽涉到你的工作、職業或個人生涯。

- 這件事情，你很可能已經試著靠意識來解決，卻失敗了。
- 這件事情可能屬於「怎麼做」的範疇，例如：
  - 怎麼協調工作和家庭生活之間的利害衝突。
  - 怎麼想出你正在寫的歌要填什麼詞。
  - 怎麼發明出比現有產品都優良和便宜許多的新產品。
  - 怎麼避免和某個朋友、親人或同事發生衝突。
- 你想要找的解決辦法，不是只對你自己有好處的辦法，而是對大家都好的辦法。

針對「目標設定」：

- 一定要是你真的很想達成的目標。
- 不管別人覺得機率多低，你都一定要相信自己可以達成目標。如果你不相信可以達成，你的潛意識就不會起作用。
- 目標要精準、明確。
- 你要帶著感情全心投入這個目標，相信它能令你快樂和滿足。
- 想像自己達成目標的樣子，愈清晰、愈快樂愈好。用你的所有感官去想像和描繪達成目標的情景——你的人生變成怎樣、有什麼相關的畫面或氣味、你會怎麼慶祝目標達成、跟誰慶祝、你的日常生活會變成怎樣、你達成目標時還有誰會因此受惠？

- 你要知道和相信，這個目標完全為你而生、針對你的個人特質量身打造——這是你命中註定的目標。
- 雖然目標可能好幾年都沒實現，但你要想像在此時此刻達成目標。我先前提過，潛意識停留在永恆的現在——未來和過去對潛意識來說，是某種屬於現在的資料。

這點很難解釋，所以就讓我們用一個不盡完美但大有幫助的例子來說明吧。當你在看電影的時候，電影也有過去和未來，但過去和未來壓縮成九十分鐘。電影裡的時時刻刻，你都在經歷電影角色的人生，但是對你來說，這些時刻一直都是現在。如果你能忽略你用九十分鐘的人生來看電影這件事，想像成你在轉瞬之間看完電影——那就是潛意識運作的方式。

我覺得這件事很神祕，潛意識怎麼能在不知道你有未來人生的情況下，留意未來的目標並幫助你達成目標？但是對潛意識來說，所有時間都是平的，所有時間都是現在。每一件事都是即時電影，不需要花時間就能展開。

要操縱潛意識，你要用潛意識可以理解的形式呈現資料。所以，要實現未來，就要將未來想像成現在，覺得未來就是現在。如果你可以清楚看見未來，未來就會跟現在一樣真實，跟現在一樣「就在眼前」。潛意識就是這樣——時間保持靜止、不屬於現實的維度。而且，對潛意識來說，現實即想像，想像即現實。從潛意識的角度去看待事情，潛意識就會幫助你把未來變成現在，將想像化為現實。別忘了，在你看完一部好電影的時候，每一個你所記得的電影畫面，不管在電影裡是哪一天，這個畫面都會永遠屬於你的現在。重要的是，電影畫面對你的影響有多強烈，還有你能不能在想像中重新建構那些畫面——重點不在時間維度，時間維度無關緊要。

針對「靜心」：

- 用正向的話語公開描述自己，並相信這些描述，會在我們的潛意識裡留下深刻印象。嘗試說出以下這些意見和肯定語，能幫助我們到達心中所想的境界：
	- 我很感謝……
	- 我覺得自己有力量、心胸開闊、愉悅、快樂、與世界和諧共處、心情很好……
	- 我很有創意，因為……
	- 我的工作很重要、很有用，因為……
	- 我能幫助別人，很幸運（舉出具體事例：在什麼時候、幫助誰、怎麼幫）。
	- 我健康狀況良好。
	- 我有可以依靠的好朋友，我喜歡他們的陪伴。
	- 我很幸運，有一個很棒的戀愛對象——或是，我很快就會遇到相守一生的伴侶。

◆我能住在這麼美麗的地方，真是幸運——或是，我就要造訪某個美麗的地方（剛去過某個美麗的地方也行）。
◆我對這件事充滿熱情……
◆我在讀的這本書棒得不得了……諸如此類的話。

這類以「我」為開頭的話，只要抓到有點相關的時機（「你今天好嗎？」）、和朋友聊天、甚至是獨處的時候，每天都能說上好幾遍。如果大聲說出來，或寫在日記裡，這些話語似乎會更有效果。

現在，我們遇到了一些文化上的問題。我是英國人，而我們英國人覺得這麼做有一點——該怎麼說才好——厚臉皮？不謙虛？瘋癲？天真？不管你是哪個國家的人，或許，你也這麼認為。可是，如果我們真的很想追求平靜、祥和、沉著、安寧、心平氣和的境界，這就是辦法。抱持樂觀的看法有用！

除了在任何可以這麼做的時機，看好我們的境遇，我們也應該要看好我們自己。我們都是「彎曲的木材」。⑲可是，為了達到心靈平靜，我們要相信自己能夠對世界有所貢獻，相信我們在讓人生變得更好，相信我們正在提升自己，相信我們立意良善。少了這些信念，人生多麼淒涼，誰想生活在淒涼的境地？

讓我們再看看下面這些說法，聽起來很老套，實際卻很有效：

- 「每一天，我在各個方面，都愈來愈好。」——艾彌爾・庫埃
- 「用你想成為的樣子看待自己。」——哈利・卡本特（Harry Carpenter）
- 「我正在成為最棒的自己。」——馬修・凱利（Matthew Kelly）
- 「正因為我有這些不足之處，所以我是讓世界變得更好的力量。」
- 「我追求真實與美好。」

階段二：輸入潛意識

以下提供三個簡單容易的方法，幫你將訊息傳給潛意識：

1. 放鬆做白日夢

- 在一個安靜、隱祕的地方（最好是戶外），坐在一張舒適的椅子上。
- 放輕鬆。
- 將所有思緒從腦中排除（除了你要傳遞的訊息）。
- 將訊息傳給潛意識——可以不說出來，但如果可以，最好大聲說出來。

2. 在「隨意」運動的時候做白日夢

- 做你熟悉、不假思索就能做的運動（最好是經常做的運動），培養固定運動的習慣。
- 一定要是對你來說輕而易舉的運動，不要有壓力，也不要有負擔。我覺得用一般正常速度騎腳踏車和走路很有效果。
- 在運動之前，用大聲讀誦或默想的方式，把訊息傳給潛意識。如果你記得住，請在運動或做白日夢的時候複誦訊息。做完運動，再次複誦訊息。

3. 入睡前

- 躺在床上的時候，用幾分鐘的時間聆聽氣氛輕鬆、有催眠效果的音樂（我每天晚上都聽同一張CD，專輯名稱叫《el-Hadra》，意思是「神祕之舞」，由慕尼黑唱片公司Edition Akasha推出。這張專輯似乎能引導我一夜好眠，輕鬆向潛意識傳話）。
- 在你入睡前，放鬆下來或昏昏入睡的那一兩分鐘，大聲說出訊息，或在腦中想你要傳達的訊息。
- 在心裡期待著會一夜好眠和做美夢。
- 複誦訊息，讓訊息成為你睡著之前說的最後一句話，或心裡想的最後一件事。

階段三：潛意識產出

你的潛意識會試著把它的答案或訊息傳遞給你——只要你不從事劇烈活動，或讓心智不得安寧，你就會收到這個答案或訊息。要幫助潛意識將訊息傳達給你，就要按照第二個階段的建議，在白天時不時放鬆一下和做做白日夢。

答案經常會在夜晚，或在白天快要完全清醒之前，你正在淺眠或半夢半醒的時刻出現。想要在你再度入睡和忘掉訊息之前，把答案留住，在床頭櫃上放一本筆記本和一支筆吧。

結論

等你學會怎麼讓潛意識發揮力量，請幫助你的親朋好友，讓他們也能這麼做。把這本書送給他們，或借給他們吧。沒有什麼能像這些做法，稍微付出一點努力，就有滿滿的收穫。

第四部

80／20的未來

17 靠80／20網絡效應成功

資源集中勝算更大

沒有一種組織或經驗，能像網絡這樣，
如此典型、方方面面都符合80／20法則。
我們一定要了解網絡，明白網絡為何愈來愈重要，
它具備哪些80／20特徵，以及該如何善加利用。
如果我們不了解80／20和網絡，我們就無法了解，
在我們的一生當中，
商業世界和社會發生哪些深遠的變化。

「網絡社會代表人類經驗的質性變化。」

西班牙社會學家曼威・柯司特（Manuel Castells）

我撰寫這本書前兩個版本的時候，不明白**為什麼80／20法則如此有效**。我引述經濟學家史丹德爾的話──「長久以來，帕列托法則在經濟世界裡蹣跚而行，如風景中的一塊奇石。但至今無人能解釋這條實用的法則。」但我現在很興奮，因為我想我知道怎麼解釋了，而且這個理由也能說明，為什麼80／20法則甚至會變得愈來愈普遍，用神祕而令人費解的方式影響著我們的生活。

答案是正在快速崛起的網絡力量。網絡的數量和影響力增長，其來已久。在最初的幾個世紀，增長速度很慢，但從一九七〇年左右開始，增長速度愈來愈快、愈來愈劇烈。網絡也展現「80／20」的樣貌──在分配上具有80／20的特徵，而且經常極端不對稱。由於網絡具備相同特徵，80／20法則變得更加普遍。網絡連接愈廣愈多，80／20法則的現象就愈常見。

網絡的影響力提升，80／20法則的影響力也隨之提升。

上面這句話的重要性，再怎麼強調也不為過。如柯司特所言，網絡社會標示人類經驗的質性變化。而這種改變的本質，根源在於80／20法則本身所具備的本質。**沒有一種組織或經驗，能像網絡這樣，如此典型**、**方方面面都符合80／20法則**。

我們一定要了解網絡，明白網絡為何愈來愈重要、它具備哪些80／20特徵，以及**該如何善加**

利用。如果我們不了解80／20和網絡，我們就無法了解，在我們的一生當中，商業世界和社會發生哪些深遠的變化。

所以，什麼是網絡？

前《連線》（*Wired*）雜誌編輯凱文・凱利（Kevin Kelly）說得好：

> 網絡是最沒有結構的組織，換言之，網絡可以具備任何結構。

Facebook和推特是網絡，恐怖組織、犯罪幫派、政治團體、足球隊、網際網路、聯合國、一群朋友、世界上的金融體系，也是網絡。蘋果、Google、eBay、優步、亞馬遜、網飛、Airbnb等公司，以網際網路或應用程式為基礎，突然竄出頭來，創造出不可思議的財富，這些組織要嘛本身是網絡，要嘛生態系統中有網絡存在。

網絡和由上而下的傳統組織有何不同？

這個嘛，我們先來談一項關鍵差異。從國家官僚，到軍事帝國，再延伸到有組織的農業和商業環境、磨坊和工廠，以及這三百年來的所有商業和社會組織，我們採用一般組織已有數個世紀之久，**而一般組織的成長發展，有賴上層組織採取行動。**

傳統組織無法在沒有上層規畫（通常規畫得很細）的情況下成長發展。規畫之後，產品設計、製造、行銷、銷售等活動會將計畫付諸實現。這類活動都代價高昂，又勞心勞力。在過去，經常要花很長一段時間，付出許多努力、人力和金錢，組織才能發展到最大和最有影響力的程度。

但網絡不同。它們的成長動力不是來自於擁有或贊助網絡的**內部組織**（假使有組織的話），而是來自於**外界**。網絡在成員自發採取行動之下成長——如果網絡的擁有者是公司行號，「成員」就是「顧客」或潛在顧客。網絡成長的原因在於本身擁有內在動力，以及，成長符合網絡成員利益。

讓我舉一個我幾乎從一開始就參與其中的網絡例子。這個網絡由一群缺乏經驗但熱情十足的年輕人所創立。它是必發公司。你可以稱這些創辦人為創業家，這麼說是對的，但他們實際上是運動博弈的愛好者。他們想要博弈，但不想付給傳統博弈業者可觀的抽成費用——每一筆賭資，這些業者大約會抽百分之十當做利潤。必發公司背後的概念在於，每個想要賭一把的人都可以跟另外一個持相反意見的人對賭，你可以賭一場賽事中，某一匹馬或某一支隊伍是輸是贏。必發創造出一個與股票市場類似的線上電子市場，然後只抽一點管理市場的佣金。

二〇〇一年，必發剛推出不久，我把錢投資在它身上。在那個階段，這間公司的市值為一千五百萬英鎊——金額不算很高，真的。那時公司還很小，幾乎沒有什麼產業觀察家注意到這間公司——或是，他們注意到了，但不認為這個概念會成功。然而必發公司令人期待的一點，也是讓我感興趣的原因，在於它成長速度極快。早年必發的成長速度是**每個月**百分之十、二十、三十，有時候甚至來到百分之六十。

這樣的成長力道來自哪裡？我可以告訴你，力道不是來自於努力銷售和行銷，因為剛開始的時候幾乎沒有這些活動。成長力道來自於網絡本身——來自於必發的使用者，也就是他們的客戶；這些人實在太喜歡了，所以他們推薦喜歡博弈的朋友加入網絡。而且，原因不光是他們喜歡這個系統，或他們想關照自己的朋友。這個網絡的使用者推薦必發，原因在於他們想要讓網絡擴大，讓自己能夠從中得利。他們希望有更多人下注、提高賭金，讓他們可以跟其他持相反看法的成員配對成功。

這點使我獲得啟發，看見網絡的第二個重要面向——網絡規模變大，會變得更有價值。不僅如此。對成員和網絡擁有者（假如有的話）來說，**價值並非以線性關係增加，而是以幾何級數成長**。試想一個有一千名成員的交友平台，所有成員都在某個城鎮或地區，大家都有意和其他成員約會。你會加入這樣的網絡嗎？可能不會——規模太小了。

但是，想像一下網絡規模翻倍，變成兩千名成員。這個網絡的價值也是翻一倍嗎？不，價值不是翻了一倍。實際上，這個網絡的價值翻了兩倍。因為，網絡成員互相配對的排列組合，從四十九萬九千五百組，提高到一百九十九萬九千組。① 基於同樣的理由，必發的使用者人數增加，對網絡使用者的價值會以幾何級數倍增。賭客可以下更多賭注、投注更高金額，還有找到和他們對賭的人。對必發的經營者來說，必發的價值也大幅提高了。二〇一六年二月，這間公司和派迪鮑爾（Paddy Power）合併。兩間公司合併後，目前市值七十二億英鎊。其中，必發的股東擁有三十四億五千六百萬英鎊——是我投資時的兩百三十倍。

如果我們把網絡的前兩項特點合在一起（成長比較容易來自成員活動、規模變大產生的價值成幾何級數增加），就會得出第三個結論：網絡組織能夠以超快的速度獲得價值，比其他任何組織都要快許多。這就說明了，以網絡為基礎的企業（例如亞馬遜、eBay、Facebook、阿里巴巴、Airbnb、優步）為什麼能這麼快就變得價值連城。沒有一間非網絡公司能夠媲美這樣的價值增加速度。

最後，還有第四個原因，說明為什麼網絡的成員和力量會激增：推動網絡的燃料是資訊。隨著資訊科技（從最廣的定義來看）的觸角更廣、能力更強，網絡因此呈倍數成長、稠密度變高、更有優勢。舉例來說，假如智慧型手機沒有問世，Airbnb和優步等倚重應用程式的公司，就不可能發展成現在這種規模。

所以，連鎖效應產生了，也就是某個價值連城的網絡創新活動，會帶來和成就許多其他價值連城的網絡創新活動。在資訊科技的成本持續下降、表現愈來愈強勁和多元的情況下，我們很難看出這個發展的盡頭在哪裡。不管是好是壞，我們真的處在美麗新世界——這個世界觸動成千上萬人的生命，改變商業和社會的規則。

一九六〇年代以降，學者、商業人士、評論家就開始注意到網絡。然而，大家對網絡和80／20法則之間的關聯性，還不是那麼了解。為了揭開這個關聯，讓我們一起探究網絡遵循80／20法則運作的兩個例子吧。

網際網路明星

線上世界是一個顯而易見的例子。「網際空間」（cyberspace）是科幻小說家威廉・吉卜森（William Gibson）在一九八四年發明的詞彙。他說：「我在試著描述一個難以想像的現在。科幻小說的最佳用途是探索當代現實。」他將網際空間定義為：「成千上萬人，在每個國家，每一天，所體驗到的交感幻覺（consensual hallucination）……複雜程度難以想像。光線在心靈的非空間（non-space）裡排列，資訊在各處散落、聚集。」

網際網路絕對是奇怪的國家，我們不必離開地球上的所在地點，就能造訪那裡，這是改變我們工作和社交生活的網絡，也是規模和力量大爆發的網絡。它的結構是民主的，你沒有受到邀請也可以在推特上發表意見，大家都能將我們的日常生活的片段張貼在Facebook和其他專門的網站上。網際網路會成長，是因為它張開雙臂歡迎所有人，也是因為網際網路擁有非常可觀的金錢價值。誰也不會被它排除在外，它歡迎所有的人。每一個人都能存取維基百科的豐富資訊，從成千上萬篇文章中獲得見解。

儘管如此，網際網路的核心卻存在一件矛盾的事。網路公開、沒有阻礙，但網路也呈現出典型的80／20法則。舉例來說，維基百科上列出超過兩百個搜尋引擎，但有四個全球引擎

——Google、百度、Bing、雅虎——占據市場的百分之九十六。所以，百分之二搜尋引擎，擁有百分之九十六的搜尋次數和隨之而來的廣告量——呈現96／2的關係。

光是Google就占了百分之六十六。所以，每兩百個搜尋引擎，就有一個搜尋引擎，掌握這門超級有利可圖的生意的三分之二——呈現66／0.5的關係。此外，我會在下一章讓大家看見，實際上Google和敗陣下來的搜尋引擎之間，利潤關係被大幅低估了。Google也掌握了百分之八十二的手機作業系統——以及百分之九十四的手機搜尋量。在中國的電子商務市場中，阿里巴巴這個網站，占總交易量的百分之七十五左右。由於中國網站為數眾多，這是一個75／0的關係（四捨五入後，阿里巴巴對那些網站的百分比值為零）。

世界上有多少個必發？我來告訴你——只有一個博彩交易有分量。我估計，必發在它的市場裡占據超過百分之九十五的份額。世界上有多少個Facebook？以前，世界上有兩個主要的社群平台，Facebook一度還比MySpace要小很多。但是現在就只有一個社群平台——Facebook。而世界上有多少個推特？只有一個具有分量。

提到推特，推特的系統裡面，存在某種類似帕列托的關係。《矽谷內幕》（*Silicon Valley Insider*）的研究指出，百分之十的「重度跟隨者」——跟隨很多推特玩家的人——在所有被跟隨者中占百分之八十五（85／10）。②

另外一邊呢？二〇一一年，研究人員指出，僅僅兩萬名經常貼文的推特玩家，幾乎吸引了一半的推特玩家。當時，那些頂尖推特玩家，在所有推特玩家中，只占不到百分之一——50／0模式。③

最後，世界上有多少個優步？現在有優步，也有很多在其他市場區隔經營的競爭對手。如果你要的是優步提供的服務，那你的選擇除了優步，就只有優步。這件事對我們都好，因為任何城市中發生實質壟斷，意味著顧客的等待時間變短，而且司機的使用率提高。這些都有助於說明，為什麼優步鐵了心要在這麼多地方，以非常高額的成本，如此快速地擴張——天堂裡只有一個位置，留給像優步這樣的公司。

儘管優步有許多負面新聞，但創投市場對二〇〇九年才創立的優步的評價，已經超越通用汽車，後者創立於一百零一年前。優步不生產汽車，也不擁有汽車，這是當然的，正因如此，他們認為優步的潛在未來利潤，預估值極為可觀。

為什麼網路如此集中，超級贏家少之又少，大部分都是無足輕重的參與者？Google母公司Alphabet的董事長艾瑞克．施密特（Eric Schmidt）解釋：

> 「我想告訴各位，網路創造公平的競爭環境一定會有長尾。但不巧的是，情況並非如此。
>
> 「真實的情況叫做「冪次法則」（power law）。少數事物呈現高度集中的態勢，而其他大部分事物，占有的分量都相對較少。幾乎所有新與網絡市場都符合這項法則。因此，雖然尾部會引起人們的注意，但絕大部分的利潤仍然存在於頭部。

「而且實際上，網路可能會引爆更大的轟動，使品牌更加集中。如此一來，對大部分人來說就更加不具意義，因為這是更大的傳播媒介。可是當你讓大家一一聚在一起，他們還是喜歡有一個超級明星。而它再也不是美國的超級明星，而是全球的超級明星。」④

在網際空間裡，關聯密切的網站就像一間大型的時髦酒吧，之所以受人歡迎，正是因為它們很受歡迎。你知道自己會在那裡見到很多人。這個情況就是，大家都想和別人窩在一起——至少是氣味相投的人所在的地方。市場的流動性和深度會吸引更多成員，變得更有流動性、更有深度。網絡的吸引力和它們的規模相稱——不，是超級相稱。在至少一季的時間內，贏家通吃。很好。酒吧老闆不會變成億萬富翁。但網路上和他類似的角色就很有可能，在超級短的時間內富可敵國。

我們來看看，在第二個例子中，勝出的網絡如何變得愈來愈有力量。這一次，我挑選的重要社會趨勢，不是網路上的例子。

城市的80／20網絡效應

自從一萬年前人類定居在一個地方，城市就成了非常重要的網絡，有促進知識、文化、物品、服務交換的作用，而且提供了政府和金融方面的基礎設施。「全球策略家」帕拉格·科納

（Parag Khanna）主張，「城市是人類最耐久和穩定的社交組織模式，比所有帝國和國家都要長久」。⑤從以前到現在，有兩個重要得不得了的趨勢（確切來說，這是我的話，不是科納說的，不過他的看法在某種程度上與我雷同）。

其中一個趨勢是，住在都市的人口數緩慢而穩定地增加當中（而且現在速度增加得很快）。一五〇〇年，全世界有百分之一的人住在城市裡。到了一八〇〇年，這個比例變成三倍——百分之三。一九〇〇年，是七分之一的人口。今天，住在城市的人比其他任何地方都要多。

大約從一四五〇年開始，歐洲財富增加（後來世界各地財富也增加），人類因此在生物學上有所突破；要不是城市的數量和力量增加了，不會有這些進步。城市是創意、交易、商業的中心，由人數非常少但舉足輕重的新中產階級市民（80／20）運轉，這些人既不是農民，也不是貴族。城市是孕育財富的地方，80／20小島，在貴族擁有的農村莊園汪洋之中，如雨後春筍般出現。當然，城市已經存在上千年了，但要到中世紀末的歐洲，城市才開始變成經濟成長和社會變革的引擎。

一五〇〇年，只有五個歐洲城市有十萬人。到一六〇〇年的時候，有十四個城市——阿姆斯特丹、安特衛普、君士坦丁堡、里斯本、馬賽、美西納、米蘭、莫斯科、拿坡里、巴勒摩、巴黎、羅馬、塞維亞和威尼斯。你會注意到，這些城市當中有一半是重要的港口。沒有這些城市擴張，就永遠不會發展出現代世界。

今天，全世界最有錢的二十個城市是吸引人才的磁鐵，知識和金錢都集中於此。有趣的是，大城市愈來愈大、愈來愈富有——這股趨勢，從一五〇〇年的歐洲延續下來，而且速度愈來愈快。城市擴張呈現典型的網絡效應：

- 隨著網絡（城市）規模變大、稠密度提高，居住在城市裡的優點因此倍增。遇見其他在知識上和自己相輔相成的人，機會大增——雖然，住在擁擠的城市裡，有交通壅塞、開銷大、壓力大等騙不了人的缺點。網絡的正面效應通常會勝過負面效應；證據就是，多數大城市都會愈來愈大。
- 雖然不是所有城市都是如此，但美國許多自治城市和已開發國家，都是扶不起的阿斗。紐奧良和底特律的低稅政策，沒有令這兩個城市具有吸引力——低稅是沒落的徵兆。網絡效應跟以往一樣，呈現出類似帕列托的選擇性。有理想網絡的城市生氣蓬勃，愈來愈大、愈來愈熱絡。其他城市則愈來愈衰頹。
- 城市是熔爐，會從世界上比較沒有成就的城市和國家，吸引有野心、有才華的人。城市居民之間的多樣化和差異程度提高，創新事物愈來愈多，機會如雨後春筍般出現。

這些網絡效應解釋了，為什麼一九七〇年代開始，經常有人預測資訊科技會鼓勵更多人住在郊區的看法是一種謬論。居住在大城市擁有都會生活的網絡優勢，這種優勢只會愈來愈多，因為親自見面和偶遇變成一件重要的事。科納預言，「二〇二三年的時候，全世界百分之七十以上的人會住在城市裡，這些人大部分會住在距離海岸五十英里的地方……現在的沿岸巨型城市，人口集中、經濟有影響力、政治力量強大，使這些城市成為……人類組織的重要單位。」⑥我要補充，過去五百年來，緩慢而穩定賺錢的方式，就是在擴張中的城市中心買下土地。

另外一個趨勢在於特定規模城市裡的人口分布。未來主義者主張，在網路世代城市會比較分散，而他們再次受挫。顯然，不論什麼時期，快速成長的城市，通常都是該時期歷史最悠久、最大的城市——例如，東京、北京、孟買，以及美國的紐約、洛杉磯、墨西哥市。大東京地區現在大約有三千八百萬名居民，比加拿大和伊拉克的人口總數都還要多。

科納還表示，城市會逐漸合併，就像東京和橫濱已經聯合起來那樣——所以，舉例來說，會有洛杉磯加舊金山、波士頓加華盛頓特區。後面那個例子對我來說有一點過頭，因為那兩個城市的距離不是很近，但城市向外蔓延、入侵綠地是長久以來的趨勢。倫敦特拉法加廣場旁邊的聖馬田教堂（St Martin-in-the-Fields），真的曾經位在城市外圍，四周都是農田。

也許，科納現在會更肯定地說，全球城市靠著對世界人才的吸引魅力，「隨著全球移民潮出現，彼此互連和開放城市的外國出生居民比例創下新高」；⑦在達拉斯有百分之二十四於外國出生的居民，雪梨有百分之三十一，紐約市和倫敦各有百分之三十七，香港有百分之三十八，新加坡有百分之四十三。」⑧

摘要

這一章內容不少——非常感謝各位耐心閱讀！我現在要總結論點了：

一、80／20法則之所以益發舉足輕重，其中一個原因是網絡具有力量。

二、網絡的運作也與這項法則相符。在任何特定的市場或類別當中，比例非常低的網絡會在該市場或類別裡，掌握比例非常高的活動或業務。

三、**網絡及其成員喜歡集中的市占率和壟斷**，因為如此一來，網絡的深度最深、接觸範圍最廣。網絡是愈大愈好。愈大的網絡，就愈能有效和快速滿足供需，因為，這樣的網絡在可能的成員配對上，有更多排列組合，也針對個別成員的偏好，提供更多相關資料。

四、同樣一個類別裡，有二到三個規模差不多的網絡，是不穩定的，因為這樣不符合網絡成員的利益。為他們提供服務的市場，最好是趨近壟斷的市場，這個狀態會持續下去，直到創新產生新的類別為止——這個類別，本身也一定會倒向少數主要網絡或一個主要的網絡。

五、網絡的影響力從一九七〇年代，尤其是線上交易發生創新和擴散之後，開始飆升。網絡變得更普遍，而且使商業和社會活動的比重也因此不斷提高。這就表示，用舊的80／20當做基準來描述這個法則，很快就變得太過保守。網絡不只讓這個法則的發生機率提升，也讓它幾乎無所不在，但也因此走向**極端**。

我們會在下一章檢視80／20法則在哪些方面，如何快速演變成90／10法則、95／5法則，甚至99／1法則。接著，會探討這樣的轉變具有什麼樣的實質意義。

18 集中程度向極端傾斜

當80／20變99／1的網絡商道

當市場領導者從只有管道的商業模式，
變成加入平台的商業模式，
80／20毫不留情地受到吸引，朝90／10發展，
接著又朝99／1發展。
平台除了比管道利潤大上許多，
也會因為網絡效應的關係，
自然而然發展成壟斷市場。
諸如生產者和顧客的每個人，
都希望身在最大的網絡圈裡面。

「未來已然到來，只是未平均分布。」

科學幻想家威廉・吉卜森

不久之前（實際上是二〇〇七年），手機生產者的世界波瀾不興，是個完全預料得到的環境，符合典型的80／20世界。當時，手機製造商數量很多，但總共只有五家廠商——諾基亞、三星、摩托羅拉、索尼愛立信、LG——掌握全世界大約百分之九十的利潤。這一點都不令人驚訝。可是今天，以價格規模、得勝公司、利潤分配、利潤創造來說，都已經是一個完全不同的世界了。

在二〇〇七年和二〇一五年，新進入者加入市場，改變了一切。新進入者，當然就是推出iPhone的蘋果公司。蘋果不但登上龍頭大位，還像聖殿裡的耶穌，將業主的桌子掀了，把他們趕走。二〇一五年，蘋果公司在一個更大、更有利可圖的市場裡，拿下百分之九十二的利潤，讓從前的龍頭公司去爭奪蠅頭小利。以前的市場領導業者，現在，五間有四間虧損。①

改變的不只是贏家的身分，還有利潤的創造方式。我們有必要描述一下這個情況，因為其他市場也發生相同的事情，而且這是徹底的變化，會決定未來幾年的樣子。

長話短說，80／20變成了90／10。用正常的話來說，則要多描述一些，但意思一樣清楚。賺進大量現金，這種商業模式已經驟然改變。舊的模式逐漸消逝，新的模式正在取而代之。想要創新，你可以揚棄舊有模式，歡迎或是在你所處的產業裡創造新的模式。手機市場比網路出現得早。網路問世時，手機生產者因為市場迅速擴張的緣故，開心地摩拳擦掌。電話撥打量增加了，每個人都賺進更多錢。愈來愈多人使用手機來存取和傳輸行動內容，但手機製造商仍然陷在網絡出現之前的世界之中。

直到最近，「價值鏈」（這是糟糕的行話，用來描述一種有邏輯的做生意方式）才成為主流商業模式。價值鏈的開端可能是研究，也有可能是產品設計，新產品於焉誕生。價值鏈的下個階段，通常是從供應商那裡購入材料和服務——例如，用來製造手機的電子零件和外殼。經過製造、行銷、銷售、物流等階段，成品（手機）送到顧客手上，價值鏈向前推動。「價值鏈」也是所謂的「管道」（pipeline），因為這些活動是從供應商到顧客，以直線的方式向前進行。

請注意，管道式商業是典型的80／20世界，利潤大部分流向數量相對較少的生產者（可能是所有供應商的五分之一），但市場上或許會有三個、四個、五個，甚至更多贏家，與80／20法則完全相符。利潤集中在少數參與者手裡，但這些參與者通常不會只有一兩個。

所以，網絡式商業究竟跟管道式商業有何不同？這一點，除非你知道網絡企業也需要管道，否則很有可能弄混。舉例來說，蘋果公司仍然必須設計他們的iPhone、購買原物料、生產產品和販售產品等等。但網絡式商業不同（而且在大部分情況下，網絡式商業都比較好），因為他們用截然不同的角度來看待自己的角色和他們提供的產品。網絡的本質在於，網絡會將市場裡兩個以上的參與組合連接起來，然後協調市場，來為雙方以及市場本身謀取利益。

賈伯斯不是只想把手機賣給顧客而已；在過去，諾基亞和其他保守的管道式供應商一直都是這麼做。賈伯斯想讓應用程式開發商和應用程式使用者**連接起來**。這跟必發的網絡是一樣的，他們把想賭這一邊的賭客，和抱持不同看法的賭客連接起來。應用程式開發商不需要知道誰是顧客，也不需要招徠顧客，因為蘋果公司已經有潛在的應用程式使用者，也就是所有使用iPhone的人。

蘋果公司有「平台」：手機本身，以及所有相關的智慧財產。平台可以為它的擁有者創造巨大的利潤，也提供了制定平台運作規則的強大手段。蘋果公司決定誰（應用程式開發商）可以使用這個平台，以及應用程式開發商和使用者如何互動。例如，賈伯斯不會讓色情片進入他的平台。

在這些例子當中（必發的博彩交易所和蘋果公司的iPhone平台），其網絡效應使市場產生驚人的成長，也為平台擁有者帶來非凡的利潤成長。這種效應，明確來說，就是每一個參與的人都有更大的市場，智慧型手機更多、應用程式供應商更多、應用程式使用者更多。

這是賈伯斯第二次藉由平台商業，獲得巨大成功。第一次是iTunes。回想一下，二〇〇三年音樂產業處在什麼樣的危險狀態。因為Napster和Kazaa等幽靈網站，以非常低廉的價格或免費提供歌曲，CD和其他錄音錄像產品的銷售額驟然下滑。唱片公司高層主管嚇得要命，想要聯合起來反擊，卻失敗了。在這樣一團混亂和沮喪萬分的情況下，超級樂迷賈伯斯進場了。賈伯斯說，免費下載沒問題，但這些下載檔案不可靠，而且「替這些歌編碼的很多都是『三歲小孩』，他們表現不好」。檔案上架時，沒有專輯藝術，也沒有試聽。「最糟糕的一點是，」他做出結論，「這是偷竊。人最好不要惹上因果報應。」②

iTunes商店說服足夠多的唱片公司和藝人參與，開張的時候有二十萬支音檔，統統只要九十九美分就能擁有。跟盜版網站相比，從這裡下載只需要一分鐘。iTunes的老闆庫伊（Eddy Cue）大膽預測，他能在六個月內賣出一百萬首歌。實際上，他們只花六天就達成目標。蘋果公司只是擁有平台而已，就賺走總利潤的百分之三十。③

從管道到網絡的趨勢，跟80／20法則有什麼關係？

息息相關！從80／20發展到99／1（經過90／10和95／5），有很大一部分，是從傳統管道發展成數位平台。管道（也就是價值鏈供應商，例如諾基亞以及和他們競爭的傳統手機生產者）輸給新的平台供應商。當市場領導者從只有管道的商業模式變成加入平台的商業模式，80／20毫不留情地受到吸引，朝90／10發展，接著又朝99／1發展。平台除了比管道利潤大上許多，也會因為網絡效應的關係，自然而然發展成壟斷市場。諸如生產者和顧客的每個人，都希望身在最大的網絡圈裡面。

從管道轉換成平台是深遠、劃時代的變化，理由有兩個：

一、網絡市場通常會變成壟斷或雙頭寡占市場——而且除非法規不允許，要是兩個取得勝利的網絡合併起來，雙頭寡占市場遲早會變成獨占市場。這是贏家通吃的世界，市占率比以前集中許多。

二、與80／20的世界相比，在90／10、95／5、99／1的世界裡，第一名的參與者和第三名以後的參與者之間，差了非常多倍，缺口變成鴻溝。第三名以降的潛在利潤趨近於零，甚至更少。推翻第一名的希望始終都很渺茫。敗陣的人和新進入者的唯一希望，只有創造一個他們可以主導的**新市場區隔**。

且讓我們計算一下。如果市場裡，一百間供應商有二十間賺走百分之八十的利潤。假設市場裡的總利潤為一百元，那就表示，平均來說這二十名贏家創造八十元的利潤。除以二十，每個人創造四元，相當於是每名輸家利潤（二十五分）的十六倍。這是80／20的邏輯，說明為什麼比起底層的百分之八十，躋身前百分之二十會**如此**有利。

但當市場轉變成90／10，贏家和輸家之間的差距變成一道鴻溝。讓我們再計算一次。贏家創造總利潤（一百元）的百分之九十，所以他們每個人創造的利潤是九十元除以十，等於每人九元。在此同時，九十名輸家平分剩餘利潤（現在降到全部只剩十元）。所以輸家的每人平均利潤，是十元除以九十，等於每人一・一一角。因此，個別贏家賺取的利潤，和輸家賺取的利潤相比，是九元除以一・一一角，八十一倍。所以，贏家的利潤現在不是十六倍，而是八十一倍。

而且，隨著90／10變成95／5，再變成99／1，少數幾名贏家和多數輸家之間的差距，在各種實際的層面上，都會愈來愈往無限大靠近。在那樣的市場裡，輸家完全**沒有**空間。贏家最後賺走愈來愈多錢，這些錢可以用來加深他們和其他對手之間的鴻溝。

因為網絡的影響範圍和價值增加，80／20世界以愈來愈快的速度，朝90／10世界的方向發展。結果就是，對利潤、現金流、公司價值，以及贏家和輸家之間的差距，造成無遠弗屆的影響。

80／20世界並不對稱，而90／10世界則是極端扭曲，是屬於聯邦星艦企業號上面的世界。④

假如你覺得這樣過於理論化，那我們就多看幾個例子吧。

- 如你所知，**亞馬遜**起家的時候是一間線上書籍零售商，但現在已經轉型販售各式各樣的商品。這間公司為顧客簡化購物流程，變成一個平台，其他供應商爭相在上面開發亞馬遜的龐大客戶群。亞馬遜可以藉由將更多商品販售給每一名顧客（不只賣書，幾乎什麼都賣），來提升銷售量、加強技能基礎、進一步提高與供應商議價的能力，並且用極其低廉的價格販售商品，同時又能降低從事這些活動的成本。

  除此之外，亞馬遜不必負擔上市成本，便能行銷新產品，但對任何新的市場進入者來說，上市成本都很高。每增加一個新的市場，亞馬遜的競爭優勢就會隨之提高，讓為數眾多的相似對手要追上亞馬遜，變得愈來愈困難——也許根本不可能。隨著時間過去，之後亞馬遜能一點一點拉抬價格，同時保有超級競爭優勢，使市場上的利潤一路降到低點。

- **Facebook**的詳細情形不一樣，但在大方向上趨勢相同，他們也是用加強主導地位的方式，來獲取以幾何倍數成長的利潤。線上行銷大師馬歇爾（Perry Marshall）如此解釋：

「如果你不掏錢給藍色巨人，付錢請他們幫你推廣，大概只有百分之十的Facebook粉絲會看見你的貼文。那是你能免費獲得的東西。百分之十。你覺得那個數字會提高嗎？

「不會。那個數字會變成百分之八，然後變成百分之七，然後變成百分之五。永遠不會變成零，但我要告訴你，付錢給社群媒體是未來趨勢。」[5]

想像一下，這對Facebook的利潤和使用者的成本，會有什麼影響！

電子商務等於網絡商務嗎？

不等於。要弄清楚這件經常遭人混淆的事：網絡和線上世界是不一樣的東西。有不在網路上的網絡，也有嚴格來說不算網絡的網路商務。

網絡商務比網際網路早存在很久。舉例來說，報紙和雜誌上的分類廣告會幫買方和賣方配對，因為使用者變多，產品和服務的性質也會變好。對所有網絡來說，祕訣就在流動性——買賣雙方愈多，他們和對方做生意的能力就愈強，對每個人都有利。在某些觀察家的想像之中，網絡或平台商務似乎是近期才有的發明，但情形並非如此。用心經營分類廣告的新聞或雜誌也是一種平台。最好的例子，或許是數十年來縱橫二手車買賣市場的《汽車交易者》（*Auto Trader*）雜誌，由於這是業內位居主導地位的交易網絡，金錢就這樣流向網絡所有者，造就價值連城的經銷業務。

購物中心是另外一個成功得不得了的網絡商務實例。購物中心就是一個連接買方和賣方的平台，當地的買賣雙方愈多，運作起來就愈順利。

你也許會問，既然可以有不上網的網絡商務，那可以有不是網絡的網路商務嗎？

簡單回答，是的，可以。想一想www.888.com這類線上賭場。這類賭場經營得很成功，但他們沒有展現任何網絡效應，也沒有令這個世界從80／20發展成90／10。這種博弈遊戲像一條管道，賭場裡沒有多名參與者，沒有社群，也沒有顧客提供的資料。從使用者的觀點來看，888有一萬名顧客或一百萬名顧客，一點都不重要；假如888規模增加一倍，顧客的人數比例也不會因此提高。

若要仔細回答這個問題，就比簡單回答來得長一些。像我們這樣，把世界分成管道商務和網絡商務，是一種便利的做法，但這樣會過度簡化網絡商務的重要特性，也就是**網絡商務包含各式各樣展現網絡效應的商業模式**。這個頻譜範圍從幾乎沒有但不至於不存在的網絡效應，延伸到具有非常強烈的網絡效應在內。

我們已經看過網絡效應強大的例子，就是必發、Google搜尋、Facebook、推特、eBay、iTunes和iPhone應用程式商店。在這些例子當中，擁有最大的網絡，好處不可限量，產品和服務的性質也會隨著網絡範圍愈來愈大，而變得愈來愈好。結果就是，這門生意不但利潤極高，而且幾乎不會產生競爭壓力（除非有人發明更好的平台）。網絡效應強勁的商業，能毫不費力地從80／20演變成90／10，而且通常會一路發展成99／1。

相反地，點對點（peer-to-peer）線上借貸業者，例如美國的借貸俱樂部（Lending Club），只展現微弱的網絡效應。乍看之下，你可能會想，貸方愈多，對借方愈有利；貸方愈少，則對借方愈不利。可是，市場的貸方很容易就會被一或多間借貸機構給取代；而且，取代的可能性或許會愈來愈高。只要借款利率不超過任何信貸額度，借款人目前的借款利率，對借款人來說，網絡規模大小就不是真的那麼重要。

又或者，想一想TransferWise的例子。這是在愛沙尼亞發展出來、以英國為據點的點對點匯款服務，使用者可以透過這個操作簡便的匯款服務，將錢匯給其他國家、使用不同貨幣的人。點對點這件事，在某種程度上有點虛幻，因為TransferWise做的事情，不過就只是彙總整體貨幣的流向而已（例如，英鎊換成歐元、歐元換成英鎊），他們用非常有效率的方式，替人們將小額款項匯出。其成功關鍵在於簡單的操作介面，而非點對點這個元素。除非，點對點可以引發連鎖成長。例如，我用TransferWise匯錢給你，把你拉進這個系統裡，也許以後你會啟用它的匯款服務。

嚴格來說，連鎖效應並非網絡效應。連鎖效應通常是網絡效應的夥伴，但它們是不一樣的東西。連鎖效應令公司快速成長，但不會令產品或服務本身獲得改善；產品或服務不會隨著這個網絡變大而變得更好。

另一方面，連鎖效應會在某種程度上，幫助市場從80／20發展成90／10的集中程度。最大的參與者可能會透過連鎖效應獲得最多的利益，進而發展出規模經濟，使最大參與者的競爭優勢因此提高。相對於小型參與者，大型參與者占據的領先地位，也許會因此愈來愈強，讓領先業者能夠訂出比較低廉的價格，加入更好的性能，或是用更強的力道來推銷服務。這是一件好事，但這個情況也適用於80／20的管道世界。

連鎖效應不能跟網絡效應相比，產品或服務隨著網絡效應變大，而自動變得更好。在網絡效應下，領導者不需要做任何事情，就能享有規模比別人大的一切好處；更重要的是，網絡領導者的產品或服務所具有的優勢，會隨著規模變大而增加，令對手難以匹敵。

因此，**促使業務集中的關鍵變化不是網路，而是網絡商務，尤其是朝少數幾家利潤極大、擴張快速的網絡企業發展的趨勢**。儘管如此，現在新興網絡業務大部分是線上公司；網路促使人們成立網絡公司並使其倍增，增長速度比網路出現之前要來得更快。

結論

90／10的世界有三股互相牽連、交纏的趨勢，促使市場業務愈來愈集中，尤其是，利潤會集中在數量愈來愈少的人手裡：

一、網絡活動（特別是利潤很高的活動）有比例愈來愈高的趨勢。
二、網絡市場有從80／20發展成90／10，甚至集中程度更懸殊的趨勢。
三、在任何特定的網絡或以網絡為基礎的公司中，會發生交易條件隨著時間過去，而對網絡的壟斷者或幾近壟斷者愈來愈有利的趨勢。隨著時間過去，顧客（包括消費者和其他企業）會付出更多錢，而那些主導網絡的企業會賺進更多錢。

在新世界功成名就的實用建議

在網絡事業變大之前把它找出來，對每個人都有很大的潛在利益。如果網絡事業快速成長，領導者取得利基，不管現在規模有多小，這樣的事業都很有可能變大。如果你可以用某種方式善加規畫，就能為網絡事業效力，從頭開始參與，跟著網絡事業一同成長。在快速成長的公司裡，機會多得不得了，因為這些公司在發展的過程中會創造機會。在低成長的經濟中，人才通常會比職位空缺還多。在快速成長的經濟中則是相反。例如，微軟、亞馬遜、Google的前二十名員工，現在幾乎都是百萬富翁，有些還是億萬富翁。你認為，這是因為他們剛好是地球上最有能力的六十個人，人才在同一時間高度集中在某一個地方嗎？比較有可能的情況是，他們才華洋溢，但也幸運得不得了。

因此：

- 花點時間研究剛開始發展的新網絡和新平台。讓這件事成為一種習慣，每個星期花幾個小時研究。
- 在你加入新的網絡商務後，要以擁有者的角度去思考。你就很有可能用一點小錢，透過股票選擇權和可能的直接投資，成為其中一名擁有者。擁有這間公司非常小的一部分，可以令你致富。要確定，你在做令公司成長速度加快的事。把目標放在成為新公司的贏家，你的話要有人聽，而且你要受人尊敬。
- 如果你在投資，可以考慮把注意力放在剛起步的網絡商務上。在平台價值還不明顯之前，在人們明白這個網絡會多有價值之前，就早早進場。

如果我投入職場的時候就知道，成長快速的小型網絡企業會有多棒，我就絕對不會在其他類型的公司裡工作。既然你已經知道了，要不要下定決心這麼做呢？

19 占據80／20未來先機

樂在其中，以少得多

在新的世界裡，付出努力而獲得回報，
差距會愈來愈大——
這個世界屬於少數巨擘。
在這裡，非正式網絡愈來愈普遍，
文憑不見得能讓人找到好工作，
獲得安全的唯一途徑，
就是享受不斷改變的不安全性；
在這裡，通往財富和美好人生的道路，向每一個人展開雙臂，
但在力求上進的森林和平庸的泥淖之中闖蕩，
而不去開闢屬於自己的道路，
這扇門就會關上。

假如你有正確的認識，80／20是美好的未來。假如你不明白正在發生什麼事，那麼80／20的未來會令你不知所措。對大部分人來說，80／20的未來不會是舒適愜意的地方，也不會是讓人覺得熟悉的領域。對在大型組織的世界裡長大的人來說，新的80／20網絡世界可怕得不得了。我們以前相信，世界通常是公平而可以預測的。

在新的世界裡，付出努力而獲得回報，差距會愈來愈大——這個世界屬於少數成功「命令與控制」他人的巨擘，在這裡，非正式網絡愈來愈普遍，文憑不見得能讓人找到好工作，獲得安全的唯一途徑，就是享受不斷改變的不安全性；在這裡，通往財富和美好人生的道路，向每一個人展開雙臂，但在力求上進的森林和平庸的泥淖之中闖蕩，而不去開闢屬於自己的道路，這扇門就會關上。

80／20的未來輪廓不明、自相矛盾、難以捉摸、隱而微之。重點不光是你要讓它成為什麼樣的未來，怎麼去定義也很重要。**80／20的未來不會自己表態，而是躲藏起來、高深莫測，要由你來解碼和描述。它由你創造**——原物料都在，但成品還沒組裝好，必須自己動手組裝。你和你的團隊製造出來的成品，不會跟我和我的團隊製造出來的成品一樣。這絕對是件好事。成功和快樂的途徑多得不得了，但你要挖掘，使其顯露出來。大部分人會覺得實在難以理解，尤其是杵在這條路上的年長人士。

你的80／20未來是個完全沒有經過描繪的領域——富有挑戰性，而且激勵人心、使人期待。這個未來之所以沒有經過描繪，是因為它存在於你自己的心中，也存在於跟你最親近的朋友和同事心中——除此之外，別無他處。80／20未來神祕難解、模糊不清。這個神奇的未來，要用想像和遠見的火花來點燃和創造推進的動力。你要對看不見的事物抱持信念——80／20未來會因為一個偉大的點子而化為現實，要不問原因和狂熱地相信這個點子，執行時要同時具備熱情與理性、瘋狂與洞見，不要因為眼前沉悶的現實，而將這個點子拒於門外。

沒有人可以用從前60／40或65／35世界的方法，在未來80／20或99／1的世界成功。但我們有80／20法則，可以用它當做推斷的依據——只要有想像力和決心，這個方針在新的世界裡就會非常有效。本章內容不多，依然符合80／20法則中必須善於取捨的根本，我將在這一章，告訴各位我從四十年的研究當中，發現哪五點最有效的建議。

建議一：只在網絡中工作

第十八章說未來是屬於網絡的，所以，除了網絡式商務，別作他想。這是最重要的一點建議，你要享受80／20的未來，就一定要聽從這個建議。網絡會提供正反饋——有名的會變得更有名，有錢的會變得更有錢，領頭的公司通常會實際壟斷市場，有技術的專業人才則會超前缺乏經驗的對手愈來愈多。

從網絡中可以看出80／20法則正在狂飆。在各種商務當中，網絡商務雖然還只占一小部分，但在業界，大部分金錢都是網絡商務創造出來的。如果你只從事網絡商務，你就能夠掌握先機，隨著80／20未來向前展開，而一年一年將領導地位延續下去。

占據先機，還是遭受阻礙，操之在你。

建議二：小規模，高成長

在網絡商務的宇宙裡，你可以選擇加入其中一名已經成功的贏家——亞馬遜、Google、Facebook、優步（不是當司機，而是在總部工作）。但是那樣做並不聰明，你加入派對的時間太晚，享受不到什麼樂趣。

最值得加入的網絡事業，是剛起步而且正在成長的事業。那樣一來，你和你的能力可以同時成長茁壯——這是另外一個正反饋機制。你在最有利的位置起跑，並在前進的過程中學習。沒有人知道自己在做什麼，而且你能檢驗什麼東西最有效，比所有人都早一步掌握消息，這多麼令人興奮。

重點不只是金錢。我創立公司、在公司裡做事、投資公司，在整個過程中，我覺得最有趣的一段時期，是公司規模還很小，但成長速度超快的時候——貝恩策略顧問公司、艾意凱諮詢公司（L.E.K. Consulting）、貝爾戈、必發，以及現在的Auto1平台，都屬於這段時期。每年百分之四十到三百的成長率，會令你覺得自己身在世界之巔。這些公司知道其他公司所不知道的東西，其中的個人成長和滿足感，要經歷過的人才會曉得。你會有癮頭，但它只會為你帶來好的副作用。

我一直在尋找下一個每年以倍數成長的小公司。

建議你要爭取加入員工不到一百名、營收每年成長至少三成的公司——最好是少於二十名員工，營收至少每年翻一倍。

建議三：只為80／20老闆工作

什麼是80／20老闆？就是在有意識的情況下，或在無意之間，遵循80／20法則做事的人。你可以從他們的工作情形來判斷：

- 他們把注意力放在非常少的事情上——這些事會為客戶以及他們的老闆（如果他們還有頂頭上司的話。希望這是暫時的安排，因為最厲害的80／20老闆，在本質上是不會受制於他人的）帶來巨大的差別。
- 他們快速進場。
- 他們很少時間不夠，從來不會心煩意亂。他們通常處在放鬆和快樂的狀態，不是工作狂。
- 他們會因為下屬某幾樣有價值的**產出**而看重下屬，不會去注意時間和辛勞這類**投入因子**。

- 他們花時間向你解釋他們正在做的事情，以及這麼做的理由。
- 他們鼓勵你專心去做少費力氣、獲得最大成果的事。
- 他們在你做出成績的時候稱讚你，但失敗的時候，他們會給你有建設性的批評——並且建議你不要再做不重要的事情，或是用更有效的方式做重要的事情。
- 他們相信你的時候，會放手讓你去做，並鼓勵你在需要協助的時候，向他們求援。

擁有80／20老闆為何至關重要？

80／20老闆是你的楷模。如果你替他們做事的時候表現良好，他們會讓你承擔非比尋常的重責大任，如此一來，你就會接下他們的工作，愈接愈多。他們會教你以同樣的方式對待你的下屬。此外，80／20老闆升遷的時候，你也很有可能一起升遷。如果他們跳槽，他們可能會帶你一起過去。所有成就非凡的人，不管他們在哪個領域，不管他們身在商場、體育界、娛樂圈，還是學術界，他們都在某個階段遇過這樣一位老闆。

要在任何領域中獲得動力都很困難，但借力使力很簡單。所以，在你自己的動力產生之前，不妨先借助老闆的力量。

比起創造自己的起步動力，跟著別人快速進場的氣流一起上升，要容易多了。所以，起步時替誰工作，比你是誰或你做什麼，都要來得重要。重點不在於你，老闆才是關鍵。

你有80／20老闆嗎？如果沒有，趕快找一個吧，你的職業生涯會因此一飛沖天。

建議四：找出你的80／20點子

在每個存活下來的企業背後，都有一個獨特的點子——服務顧客的方式至少要跟其他公司有點不一樣。**出色**的公司和他們的點子，則與旁人**截然不同**。這個點子可以是為顧客提供無可匹敵的價格，也可以是無人能及的產品或服務。不管哪一種，都能從少許付出獲得可觀成果。這是80／20的點子。

80／20點子的範圍不限於商業。每一個偉大的理想、每一次社會運動、每一個成功的組織或機構，都有一個很棒的80／20點子潛伏其中——因為這個點子讓人付出最少的精力，產生了不起的成果，所以它有爆發力。一八〇七年，美國和大英帝國廢止奴隸交易——大英帝國對進行奴隸交易的船長處以罰款，每一名奴隸罰一百二十英鎊（總金額非常可觀），而且英國皇家海軍成立特殊單位，在非洲海岸巡邏，逮捕從事奴隸交易的人。一八三四年，大英帝國的所有奴隸都恢復自由了。奴隸制度是一種非常可怕的制度，對奴隸來說很糟糕，但它對擁有奴隸的人來說也是一顆毒瘤，會貶低這些人的人格，而且這是極度缺乏效率的經濟體系。廢止奴隸制度的效益除以成本得到的商數是無限大。

在我有生之年，美國民權運動和南非廢除種族隔離制度，也產生出無法估量的益處，卻幾乎沒有發生種族隔離主義者所預言的極端不利狀況。站在所有真實而美好的理想這邊，任何一個人都能辦到這件了不起的事。像這樣的理想，符合典型的80／20法則，不僅受壓迫者，連解救他人的人和說真話的人，都從中獲得極大的好處。沒有什麼是比爭取正義後，有明確的受惠者，還令人感覺更好的事情了。

如果你想過得開心和擁有善的力量，那麼，在你的職涯和人生裡的每個階段，都該加入一個推動80／20點子的團體——這個點子運用少許的生命能量和有限資源，就能讓顧客或百姓擁有更加豐富的人生。

建議五：樂在其中，出奇制勝

不管是格格不入，還是一個蘿蔔一個坑，站在原地不動的人在80／20的未來裡都沒有位置。那裡沒有格子和坑洞，也沒有既定的角色，這些都不能令你成為焦點，無法讓網絡從你這裡散射出去。對我們這些過去總是依靠組織來找到人生目標的人，風景已經大不相同了。

除了軍隊和其他少數幾個糟糕的必要組織之外，個人不再需要套用什麼範本——再會了，工業心理學家！在80／20未來裡，為自己和他人效力的最佳方式，就是發明自己的範本。做哪些事情，然後成為什麼樣的人，這一點大家殊途同歸，但依照自己是什麼樣的人，去做什麼樣的事情，每個人都不一樣。配合自己的制勝優點，發明一套屬於自己的公式，就是以少得多的最佳方式。

你懂了嗎？你已經做到了嗎？你正在那樣做嗎？

大部分的人——甚至是大部分正在讀這本宣揚個人獨特性的書籍的人——都還不是完全明白這個概念。就連我都不確定自己明白了。這個概念能讓我們自由，但它和我們的文化和工作習慣大相逕庭。

不要弄錯了。80／20未來需要和鼓勵的是獨特性。80／20未來不鼓勵苦幹實幹、唯命是從、耍手段、妥協，以及所有受過訓練的好員工所展現出來的必要特質。相反地，獨樹一格的創新者會在80／20未來獲得回報。

可是，只有獨特性還不夠。如果這樣就夠了，那我們只要培養稀奇古怪的特質就行了，不必煩惱自己對別人而言有多少價值。舉凡藝術家、作家、藝人，就某些行業來說，擁有古怪特質或許就夠了，至少辭世以後是如此——梵谷在世時只賣出一幅畫，馬克思在倫敦海格的葬禮幾乎沒人參加。但不可否認地，獨特性讓我們能夠用最省力的方式創造最可觀的成果。

「最省力」的意思很好懂。我要在這裡稍微說明一下。我們都有花很多時間做不太喜歡的工作或專案的經驗。沒有什麼能比這件事更能讓我們喪失生命的活力。它會抽乾我們的創意，甚至耗盡我們平常有的恢復能力和樂觀心態。我在波士頓諮詢集團的工作就是這樣，快三十歲的時候，我在那個工作崗位待了痛苦而漫長的四年，差一點把我給毀了。

相反地，如果這是一份我們在負擔得起的情況下就算沒收錢也做得很開心的工作，我們都知道這件專案做起來會有多開心——而且有些幸運的傢伙薪水還很高。我們也許花很多時間做這份工作，但就像大家說的，這是甜蜜的負擔。它不會讓我們喪失生命的活力，而是注入活力。所以，即便大家都說時間不夠，但我們一定要時時記得，我們真正缺少的東西不是時間。幾乎所有人都不夠用的東西，完完全全是另外一回事——我們缺少的是**快樂**。

所以，我說「最省力」，真正的意思是「不要做任何會令你不快樂的事情」。如果這件事使你快樂，那麼它就不會減損你的活力，當然棒得不得了。我們必須找出熱愛的事，這件事必須要有別人欣賞，也願意為此付出——付錢、給予讚賞或愛都可以。我們真的都需要擁有這些東西，因為我們不能只靠金錢生活，也不能只靠愛來生活——除非我們是一隻可愛的小狗，或類似的東西。

要找出我們可以做、別人會欣賞，同時又能令我們快樂、不使寶貴的有限資源枯竭的事情，也許要窮盡一生才找得到。不過，讀完前面幾段文字，或許已經對你有所幫助。或許，你其實知道答案。又或許，你可以問問你的潛意識，等上幾個小時或幾天，讓潛意識來告訴你。

我們在任何時候都有可能偶然遇到棒得不得了的80／20人生公式，讓我們將這段期間用來做我們喜歡的事。如果我們用對的方式思考、不斷尋找獨一無二的處世之道，就更有可能辦到這點。把下面這句話當成座右銘，時時放在眼前吧——**樂在其中，出奇制勝**。使自己成為一個能為顧客和身邊的人帶來美好事物的人，就能令這個世界變得更好。

既然如此，我們要怎麼理解80／20世界呢？雖然這個世界極富挑戰性，但它絕對是一件好事。80／20未來與奴隸社會正好相反，它與整齊畫一的工業社會性質不同而且更勝一籌，正在取而代之。

透過我們獨一無二的意志力，只要少許付出，就能產生了不起的成就，是多麼令人振奮的一件事。每一個活在80／20世界裡的人要做的工作，就是發揮獨一無二的知識和洞見並樂在其中，以省力的付出來獲得可觀的成果。這個美好的未來，在本質上屬於個人，但也與社會息息相關。願我們都能對此體會至深。

第五部

尾聲

20 重溫

80／20法則的兩個面向：提高效率、改善人生

就生命當中的重要事物來說，
定義我們為何獨特或個人命運的那百分之二十，
或不到百分之二十的部分，
我們應該要將全副精力和心神投入其中，
吝惜時間和金錢，要想方設法達成目的。
提升效率要走「百分之二十的途徑」，
改善人生值得你投入百分之兩百、百分之兩千、百分之兩百萬。
可以改善或定義生命的事情，
付出再多努力或時間也不為過。

這些年來，我收到好幾百封來自本書第一版讀者的電子郵件，這讓我很高興。跟這些電子郵件一樣重要的，甚至更有啟發性的，還有亞馬遜網站上張貼的許多書評。目前，光是亞馬遜網站上，就有超過兩百則書評。這些電子郵件和書評，讓我對80／20法則的運作方式，有了新的體悟，尤其是，80／20法則和提高效率、改善人生這兩個面向，有著什麼樣的關係。

有些書評對這本書和80／20法則嚴詞批判，對我來說，這些是最有挑戰性和最實用的意見。其中，最主要的兩點質疑是「80／20法則真的能套用在我們的個人生活上嗎？」以及「百分之八十那一塊不是也很重要嗎？」我會在這一章的後面回來討論這兩個問題。

讓我得到最多啟發的故事，不是讀者如何藉由80／20法則，更喜歡他們的工作、賺更多錢，或兩者兼顧。最令我感動的是，讀者描述自己因為這個法則，而把注意力放在人生真正重要的事情上。

我最喜歡的故事，來自一名五十歲的加拿大人。他有三個優秀的孩子，婚姻幸福美滿。他希望匿名，所以接下來我會讓他化名為「戴瑞」，但除了名字，其他部分我都沒有更動。他是一名成功的教育工作者，目前在一個很大的學區擔任執行長。三年前，他被醫生診斷出罹患非語文學習障礙（non-verbal learning disability, NLD）。他告訴我：

「這件事令人難以接受，但我知道我的診斷結果沒錯……當我花好幾分鐘的時間在停車場找車，或是在書桌上翻找一份就放在我眼前（甚至在我手中）的文件，此時的我，深刻體會到診斷結果多麼千真萬確。我現在在做的事情，是想辦法支持有特殊需求的兒童，但你知道嗎，我自己也有特殊需求……

「我發表許多著作……提倡為人師表者應當成為領袖。這是因為……我當校長的時候，老師們能做得比我好的事情實在太多了，我把自己不擅長的那百分之八十交給他們去做。後來，他們因此提名我角逐優秀領袖獎，讓我在一九九九年拿下這個獎項。他們並不知道，我將權力賦予他們、激勵他們，雖然是發自內心，但我也有必要這麼做……

「我發現，80／20法則真的就是我成功的原因……我也想用您的80／20哲學來幫助其他患有學習障礙的人，讓他們把注意力放在自己最擅長的百分之二十上……我希望，在不久的將來，我能褪去掩飾，讓別人看見真實的我。」

戴瑞寫的是一篇以「在弱點中找尋力量」為題的動人篇章。這篇文章以創新的方式，將80／20法則運用於其中。基本上他是在說，當我們清楚看見自己的弱點時，以自己所擅長的事物為依憑這件事，就會變得更有幫助：有一部分原因在於，我們必須這麼做，有一部分原因在於，我們明白自己的弱點和別人的優點之間差距有多大。我們體會到自己對他人的依賴有多深，所以會反過來，用我們正好與眾不同的優點，來努力幫助別人。不承認自己的弱點，甚至抹殺弱點，會使我們失去優點，也會令我們與周遭的人產生隔閡。

讀者高見

我要在80／20法則中加入幾點最棒、最有意思的讀者見解。首先，是歐尼爾（Sean F. O'Neill）的意見：

「一九二〇年代，美國有一位才華洋溢的作家，名叫艾德蒙・威爾森（Edmund Wilson）。在他的大力推介下，美國人因此認識了馬塞爾・普魯斯特（Marcel Proust）。他的百分之二十，在於他的寫作和研究能力。以下是他為了擺脫不重要的百分之八十所採用的方法。他總是用一張明信片來回應別人的要求，明信片上面寫著：「抱歉，艾德蒙・威爾森不可能：替人看稿、按客戶要求寫文章或寫書、做任何編輯工作、擔任文學比賽的評審、接受採訪、開班授課、辦講座、發表談話或演講、參加作家協會、回答問卷調查、投入或參加研討會座談會或任何形式的會議、提供待售文稿、將他的書籍捐給圖書館、替陌生人簽書、允許將他的名字寫在信頭、提供他的個人資訊、提供他的照片、針對文學或其他主題提供意見。」

克勞德（Michael Cloud）將焦點放在他的個人生活上：

「我用80／20分析自己（身為講稿撰寫人、募款人）創造收入的活動。我發現，之前這些年，我有百分之八十九的收入，是用百分之十五的工作時間換來的。我放棄或捨去占百分之八十五卻只創造百分之十一收入的工作，將工作時間大幅削減百分之七十，用多一倍的時間去實行附加價值高的計畫——所得也因此提高一倍以上……

「然後我寫了一封充滿熱情的信，大力推薦朋友和客戶買《80／20法則》來讀。我向他們保證，假如他們沒有因為您的書而獲益良多，他們用來買精裝書的二十五美元，我就雙倍奉還。我把這個訊息傳給一百零七個人。其中三十八個人買書來讀。他們都表示受惠於此……有一位行銷副總裁訂了一箱您的書，送給他的團隊成員。」

克勞德提供四點新的見解：

一、大力推薦別人閱讀、思考、運用80／20法則使我獲益……想像一下，我的社群、業務、國家裡有百分之二十、地球上的人口有百分之二十，運用80／20來思考和生活，能產生怎麼樣的好處。難道你不想活在達文西、莫札特、愛因斯坦的世界裡——每一個人都將最高尚、最好的一面展現出來嗎？

二、有些人因為重複做一樣的事情而成功，但大部分人都因為犯一樣的錯誤而失敗。或許你該簡短列出最有害的二〇％——成本最高和最不利的百分之二十。

三、厲害的撲克牌玩家經常棄牌。賴瑞・菲利普斯（Larry W. Philips）在《撲克牌的禪和藝術》（*Zen and the Art of Poker*）中寫道：「用你手上最好的那百分之十五到二十出牌，其他丟掉。」

四、詹姆・柯林斯（Jim Collins）寫的《從A到A^+》裡有一個章節——第四章〈刺蝟原則〉——是80／20法則的精彩應用實例。

從香港提供意見的李泰瑞（Terry Lee，音譯），寫出80／20法則和混沌理論之間的關聯性：

「是的，宇宙並不平衡，否則這個世界也許就不會經歷大爆炸了。我認為高德拉特（Eliyahu M. Goldratt）的TOC制約法（Theory of Constraints）是80／20法則的特殊事例——主要討論如何改善或利用瓶頸。其概念在於，專心處理造成瓶頸的少數原因（而且通常只有一個原因）。那樣會釋放出強大的力量。」

這讓我突然想到，TOC制約法跟80／20法則一樣，在工作和個人生活中都派得上用場：

- 在工作中，是哪一個制約條件，在移除之後，能令我們的生產力翻五倍、十倍、二十倍？對你來說，是你的上司、你對失敗的恐懼、你能力不足、你無法左右工作內容、你沒有理想的合作夥伴，還是有其他因素加在一起？你被什麼制約了？是什麼阻礙你大幅進步？找出制約條件，你就能發起活動，去除制約。

- 在私人生活中，是哪一件事妨礙你過最理想的生活，令你在乎的人無法幸福快樂？或許有一樣是影響最大的制約條件，那是什麼呢？

80／20法則真能運用在個人生活上？

顯然，沒有人質疑80／20法則在工作上的成效。有些讀者甚至提出非常不一樣的「工作」受惠案例。舒克（Mark Shook）博士在德州的教會擔任牧師，他運用80／20法則，讓教徒人數增加到原先的三百倍。他寫道：

「您討論80／20思考的著作，改變了我的人生。我是德州賽普里斯信仰團體（Community of Faith in Cypress）的牧師。我們採行80／20法則，兩年半的時間內，從在我家客廳聚會的五個人，成長到平均一千五百名以上會眾。我們自稱80／20教會。我敢說，您不知道自己是教會拓展大師！」

從那時起，我又發現另外一個更大的「80／20教會」。艾比尼（Veronica Abney）在芝加哥最大的超級教會（mega-church）擔任行政人員，她寫信告訴我：「我們的教會目前有兩萬五千名會眾，我們的教會在聯合中心（United Center）旁邊，那是芝加哥公牛隊比賽的地方，也是麥可‧喬丹的家。我想用80／20法則，讓我們的教會從兩萬五千人，成長到五萬人。」

此外，有些讀者非常肯定，可以將帕列托的概念運用在整個人生裡，他們從工作開始用起，但影響範圍遠超於此，而這也是我對80／20法則的重新詮釋當中，最重要的一項創新論點。在舊金山一間房地產經紀公司擔任轉調主任的凱文‧嘉堤（Kevin Garty）告訴我：

「我將80／20法則運用到生活的各個層面，成果豐碩。我可以肯定地說，我早上起床起得晚、下午很早就下班了，還是賺進很高的六位數收入。我從小時候住在紐西蘭就開始運用80／20法則的各項要點，所以當我讀到您的著作時，讓我更加確信自己正在朝對的方向前進。希望這樣說有道理，我對自己的懶散更有信心了。」

是的，凱文，非常有道理。

有一位來自印尼的評論者表示，可以透過相同的方式，將80／20法則用在工作和生活中，因為「**基本概念在於聚焦**。選擇很重要——我們只需要做人生中最重要的事情……用這個方式來解釋如何做得少，最簡單。」有一位日本評論者說：

「我讀這本書是快要兩年前的事。我將書中的理論用在我工作的四間公司上。我想辦法省下百分之二十五的工作時間，同時維持住原本的薪資所得。我還自己創業。創造出這些額外時間後，我開始思考用不同的方法，在擁有這些存款的情況下，讓人生活得更有意思、更輕鬆。你可以用這個簡單的方法，去計算自己把時間、金錢、努力浪費在哪些地方，以及可以在哪些地方加把勁，創造更多時間和金錢。我打算……把這個公式用在日文研究、運動方法，以及任何我想得到的事情上。」

有一位讀者補充，「把80／20法則教給你的小孩，他們長大成人後，搬出去住的機率會因此提高，因為他們負擔得起搬出去的花費」。

儘管如此，有些評論者質疑80／20法則是否應該用在我們的私人生活上。有一位在亞馬遜留言的評論者表示：「雖然我肯定作者的出發點，但若想將80／20法則用在非工作領域（說得更白一點，用在私人關係上），這本書使不上力，也不該涉入這個區塊。」承蒙這位評論者美言，他說本書藏有珍貴的寶藏——80／20法則可以用在工作上——這一點「非常值得探究」。可是，他忽略了個人生活！

另外有位評論者說這本書：

「就商業環境的經濟與社會現況，做出精準評估。但柯克試著進一步推論，80／20理論可以全面運用到成就、快樂與人生上。雖然他的建議有些是有道理的，但他提出來的例子，似乎隨著內容離商業愈來愈遠，而愈來愈站不住腳。」

百分之八十不是也很重要嗎？

第二點主要批評質疑的是，捨去百分之八十低產能的活動實不實際，甚至值不值得。感謝周青（Chow Ching，音譯）在亞馬遜提供以下反對意見，這可能是寫給我的評語中最辯才無礙的一篇，值得完整引述：

「這個概念很棒，但我取消了五顆星裡的百分之二十，因為《80／20法則》書裡也有一堆其他的廢話。例如，告訴你怎麼運用人生和其他領域的部分。作者並非相關權威。他提出幾項反面論點，然後一一打破，可是他忽略非常重要的一點。我是香港華人。在我們的五千年文化中，陰陽從一開始就有它的作用在，而作者似乎漏看這點。

「舉例來說，他告訴你，要分析生活，找出創造百分之八十快樂的百分之二十生活，全心全意放在這百分之二十上就行了。好幾年前，我那樣做過，但結果只是更糟。生活是在工作和玩樂之中求取平衡——你享受百分之二十的『陽』，是因為你從百分之八十的『陰』中解脫。

「一個漢堡裡，好吃的百分之八十，來自於漢堡的百分之二十，也就是裡面的肉。但是，如果你把上面和下面的麵包拿掉，味道會變得太重——漢堡會因此變得不好吃。

「同樣地，到歐洲蜜月或畢業旅行是你最美好的經驗，可是，如果你一遍又一遍重複這個經驗，根據邊際報酬遞減法則，這件事會令人感到無聊。

「80／20法則非常適合用在工作上，但卻不適用於玩樂。我也好奇，作者會不會認為，百分之八十的性愛快感，來自於百分之二十的高潮時刻（陽），所以我們或許應該把前戲（陰）統統捨棄掉？」

英國前內閣大臣卡爾勳爵（Lord Carr）也向我提出類似的疑慮。他引述時任英國駐美大使告訴他的話：

「你可能認為我的時間很多都花在微不足道的事情上，例如，參加無數場晚宴，還有花時間和美國領袖交際。但是那些時間沒有白費。在關鍵時刻，我會知道誰的判斷可靠、誰信不過。這一點在危機發生時非常重要，所以『浪費』的時間完全不是一種浪費。」

有些人用類似的話來指正我的錯誤，因為他們理所當然地認為，長期來看追求效率（將低價值的多數活動捨棄）是一件自相矛盾的事。如果我們一味追求效率，只做重要的事情，我們可能會捨掉令自己、令工作，甚至社會，煥然一新的必要活動。

「公園怎麼說？」我的朋友這樣質問我，「公園是封建制度的遺留物，可能是你會想要除去的那百分之八十。假如要花很高的代價，公園根本就不該存在。公園賺不到錢，如果這些地用來蓋房子或商店會非常值錢。可是，如果你把公園除掉，最後城市會變得非常沒有吸引力。」他說的可能是約翰尼斯堡，那裡有宜人的郊區，但幾乎沒有公園或空地，而且無獨有偶，那裡是地球上最危險的城市之一。

這些話背後的疑慮是，刪除工作或生活中不具效率的元素，我們可能會變得沒心沒肺，會贊成短期經濟方案，使長期累積下來的資產遭到破壞。如安德魯・普萊斯（Andrew Price）在他即將出版的《無關緊要的力量》（*The Power of the Unessential*）一書中所寫：

> 「到目前為止，最大的漁獲量來自沿岸地區，而這些地方，只占整個海洋的極小部分。80／20法則告訴我們，應該要在沿岸地區捕魚。沿著海岸捕魚，正是目前的狀況。
>
> 「可是濫捕使魚群數量銳減。不僅如此，這些資源豐富的沿岸水域，也是主要的養殖場。所以，在沿岸地區捕捉鱈魚和魚群，對魚類繁殖造成影響，導致未來沒有足夠的魚可以捕捉和繁殖。」

「對80／20法則的信奉者來說，訊息相當清楚。我們針對價值高得不成比例的百分之二十付出努力，不能只看實用層面，還要顧及某些非實用層面的東西，否則就像漁業呈現出來的狀況，很容易就消失了。還有另外一個重要的訊息。在今年表現最亮眼的漁獲（或股票），或是過去十年來生態體系中最有價值的物種，以後不一定會有好表現。真實情況是，這個世界和世界上的資源，不會長久維持在相同狀態。」

我運用80／20法則的方式，將相關批評歸納為三點主要疑慮：

- **對貪圖省事的疑慮**。如果將80／20法則視為追求效率的手段，我們最後可能會變得非常有效率，但卻不會很有成效。圖省事沒有什麼不好，但如果我們不完全、深入地投入事物當中，我們就無法成就任何有價值的事或樂在其中。我們也許可以藉由讀一本書的百分之二十，就了解百分之八十的內容，可是如果這本書對我們來說很重要，我們應該會想要讀完，甚至會在讀完的時候覺得惆悵。付出百分之二十的努力，來獲得百分之八十的成果，代表一種過分簡化、物質主義而不可靠的工作和生活方式。
- **對永續性的疑慮**。如果說，80／20法則是叫人們把注意力大幅放在今日成效極佳的事物上，難道不會有明天就失效的風險嗎？工作有這樣的疑慮，其他生活層面的事也有。
- **對平衡的疑慮**。如周青所言，疑慮在於，我們不能只看重人生中最「美好」的部分，因為如果沒有其他部分，最美好的部分就會不再美好。平衡在商業裡不重要，因為經濟要由高度專業的公司互相競爭（所以不平衡），才會有所進展。但平衡對人類幸福來說可能非常重要。

80／20法則的兩個面向

從諸位的意見回饋，我發現80／20法則可以分成兩個很不一樣（就某些方面而言，甚至互相對立）的運用方式。

一方面，80／20法則跟效率有關。也就是，我們想用最快的方式和最少的付出，來達成目標。通常這個領域所涉及的，只是達成目標的手段，對我們來說不會太重要。例如，如果我們只把工作當成賺錢的手段，想和工作以外的人，做工作以外的事（那些才是對我們重要的事），那麼工作就不偏不倚落入「效率」的範疇。我們想利用80／20法則，盡可能發揮生產力和加快速度，將工作做好，然後回到我們的真實生活裡。所以，「百分之二十」是我們應該用來實踐80／20法則的方式。我們把注意力放在生產力最高的百分之二十。或許，用兩倍的時間處理這些事情，並盡可能刪除任何不屬於「百分之二十、高效率」的事物。以我在第十章〈放下管理，進行革命〉描述的情況來說，我們或許應該用兩天處理高效率的百分之二十，然後用一個星期當中的其他日子，來做我們真正在乎的事。簡單來說，我們可以預期，工作成果提升到原先的百分之一百六十（我們獲得不容小覷的兩份百分之八十，每一份來自於工作一天，也就是百分之二十的部分）。如果可行，我們也能將工作時間縮減到一個星期兩天。

效率也可以運用到工作以外、對我們不是很重要的雜事上。舉例來說，這百分之二十包括：所有我們不得不往來卻不是真的很想往來的人、所有我們不想承擔卻擺脫不掉的責任義務、繳稅、打掃車庫、在不喜歡卻又不能丟給別人的情況下整理花圃，諸如此類的事情。我們的目標是找出最重要、能收百分之八十成果的那百分之二十，盡可能在沒有痛苦的情況下快速解決這件事。

從另一方面來看，80／20法則也可以用來**改善生活**。落入這個領域的事，是對我們的人生來說真的很重要的事，可以是工作、個人的人際關係、我們想要達成的願望、帶給我們無限快樂的嗜好，或任何令我們完整、會在臨終之時使我們感到寬慰的事物。當我們回顧至今為止的人生，並向前展望未來的人生，覺得此時此刻的生活令我們快樂，任何帶給我們溫暖光芒、令我們覺得活著真好的事情，都屬於改善人生的範疇。偉大的美國工業心理學家馬斯洛（Abraham Maslow）列為保健因素（hygiene factor）的事物——食物、棲身之所、物質需求——如果人們沒有獲得滿足，就會變得很重要，但只要獲得滿足，就不那麼重要了。用我的話來說，保健因素屬於效率的範疇，必須用百分之二十方針來處理，這是活力耗掉最少、又最有生產力的對策。

要實現和提升可以稱為「生命之詩」的境界，80／20法則是至關重要的部分，理由有二。首先，80／20法則能幫助我們正視生命當中真正重要的事物。是哪幾個少數的人、哪幾件少數的事情，真正令我們的人生具有價值？除非我們真的很貧窮或很可悲，不然這些人事物不會在生命中扮演工具的角色，也不會是達成目標的手段，像金錢、讚美、重要工作或各種地位這一類的事物。這些東西來來去去，乃外求之物，不會感動我們的心靈，無法定義我們是誰。只要我們有了食物和棲身之所，真正重要的東西會是愛人與被愛、自我表達、個人成就，以及逍遙自在、思考創造的能力、與大自然和他人親近的機會——尤其是，改善我們真正在乎的親朋好友的生活。

其次，80／20法則為人生中的美好事物清理出空間。把不重要的事情用省力的方式快速處理掉，盡可能少耗一些精力，就能把時間、空間和平靜的心，留給生命當中的重要事物。這樣，我們就不會把重要事物塞在人生的邊緣地帶或角落，而是把重要事物放在屬於它們的地方，放在舞台中央，放在我們的生命核心。

就生命當中的重要事物來說，定義我們為何獨特或個人命運的那百分之二十，或不到百分之二十的部分，我們應該要將全副精力和心神投入其中，不要吝惜時間和金錢，要想方設法達成目的。提升效率要走「百分之二十的途徑」，但改善人生值得你投入百分之兩百、百分之兩千、百分之兩百萬。可以改善或定義生命的事情，付出再多努力或時間也不為過。

所以，以下是我對那三點疑慮提出的回覆：

- **貪圖省事**——在我們的生命當中，只有屬於效率範疇的事物，應該想辦法用省事、偷懶、快速的方式處理。所有可以改善人生的事情，都要走最深、最遠、最高的路線。

- **永續性**——想要合理地運用80／20法則，必須從長遠的角度出發，並且留意，在我們假定目前投入的心力和回報不會改變的情況下，有沒有可能發生什麼意料之外的後果。舉例來說，目前百分之十的客戶為我們帶來百分之八十的利潤，可是，假如有新的競爭對手鎖定這些可以讓我們賺超多錢的客戶，或許我們就沒辦法再賺到這些錢。除此之外，在百分之九十的邊緣或賺不到錢的客戶之中，或許藏著成長快速的公司，如果悉心培養，可能成為新的制勝客戶。在捕魚的例子裡，焦點過度集中在魚隻超多的水域，而沒有設下限制，讓魚隻繁殖，會引發災難。

  擴大到人生中的其他領域也是如此，足以改善生命的事物，我們要把焦點放大到長期、要有智慧。能力和人際關係是要投資的。我們懂得選出真正重要的能力和朋友，然後花時間、用極大的耐心付出，為值得終身投入的人、事、物奠定基礎。這件事無法抄捷徑，也不會立刻使人產生滿足感！為工作而工作，或是做討厭的事情來累積財富，是錯誤的事。但全心全意培植那些令人生有所不同、過得快樂、不虛此行的能力和人際關係，卻是一件非常有智慧的事。

- **平衡**——我們應該要追求平衡，還是不要追求平衡？答案兩者皆是。該追求效率的事情，或對我們在這個世界上的位置無關緊要的一切事物，都要保持在不平衡的狀態。而且，在某種程度上，改善人生的事物，也要維持不平衡的狀態，要小心謹慎地鎖定幾樣對我們來說價值和潛在價值最高的活動和人際關係。但在改善人生的這個範疇裡，工作和休閒、自我導向和與人合作的計畫、用在自己和他人身上的時間、享受當下熱中事物和用心打造未來，這些事情要取得平衡。我們會在改善人生這一塊達到陰陽調和。如果不是這樣，那麼就不會有人寓工作於玩樂，也不會有人因為不論身在何處都「熱愛自己做的事情、做自己熱愛的事情」，而過著開心的生活。

從左頁上圖可以看出，80／20法則的兩個面向，以及各個面向的適用途徑。只要我們針對這兩個人生區塊，做出正確的決定，就能得到反映相對比重的矩陣組合。在左頁下圖裡，效率元素在擠壓過後，只會耗費百分之二十的時間和精力。在改善人生這個領域，有百分之二十釋放出來，占據生活的百分之八十。

工作可以落在效率，也可以落在改善人生的類別。我們幾乎可以斷言，你做的工作，有些落在效率類別，有些落在改善人生的類別。祕訣在於，盡可能少做前一個類別的事，多做後面一個類別的事，最後達到快樂的狀態，覺得工作有趣得不得了。

工作之外的生活也是，幾乎可以斷言，兩個類別的範疇都有。答案是一樣的。落在效率類別的事情，花在上面的時間和活力要愈來愈少；落在改善人生類別的事情，花在上面的時間和活力則要愈來愈多。

你可以問問自己，如果你能把時間和活力，用在對你來說最重要的事情上，工作和玩樂的分

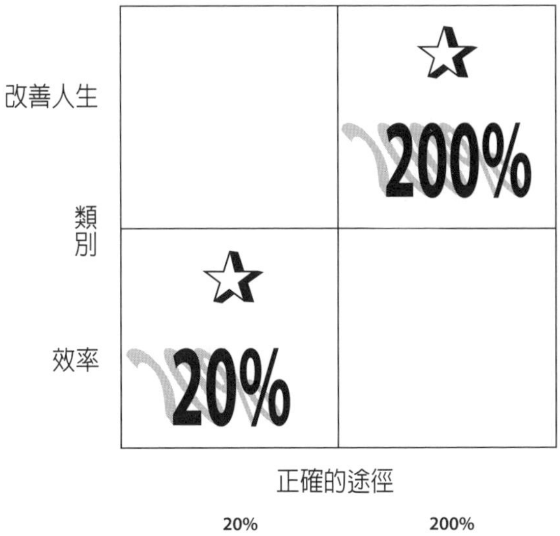

目前的時間與精力配置

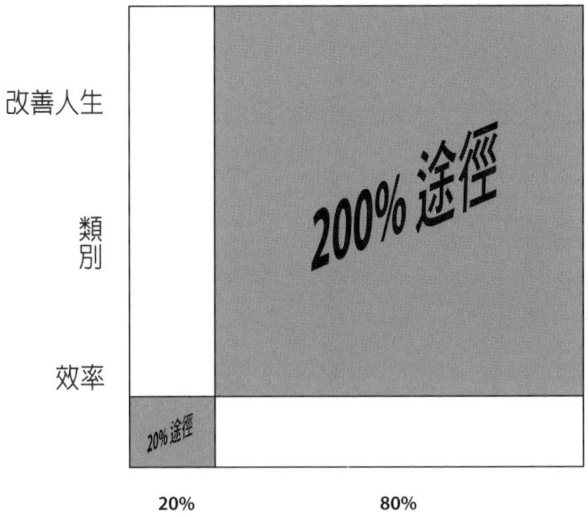

新的時間與精力配置（以新總額計算的百分比）

野是什麼？工作和玩樂之間有怎樣的關聯性？就算是在工作可以自己定義，不見得要是支薪工作的情況下，回答這個問題的人，大部分都還是向我表示，他們會在「工作」和「非工作」上，花一半一半的時間。但喜歡運用80／20法則的人則認為，工作和非工作之間，界線愈來愈模糊。

從這個意義上來說，人生中的陰和陽重新建構了。雖然80／20法則有兩個截然不同的面向——效率和改善人生——但這兩個面向徹底互補、完全交織在一塊兒。效率這一面，為我們開拓用來改善人生的空間。共通之處在於，要知道什麼能讓我們達成心中的目標，知道什麼是重要的事。對效率和改善人生來說，答案一直都在那整體當中的一小部分。我們一直都是透過簡化和專注來求取進步。不過，同樣地，如果80／20法則只能帶來效率，那這個法則就是沒用的哲學。除非我們心裡還有其他目標，存在於靈魂當中的目標，不然變得有效率或變得有錢也沒有什麼意義。將80／20法則斷然丟回傳統工作框架，是失焦的做法。

讓我提供一個自己的生活實例。我住在倫敦和西班牙南部的時候，每天都花一兩個小時騎腳踏車。這對我來說自然是改善人生的活動：這是非常好的運動，我騎車經過美麗的風景（里奇蒙公園有鹿、西班牙有美麗山景），而且我會在騎車的時候讓思緒到處飄，最後常常因此想出新的點子。可是，騎腳踏車不是毫不費力的一件事。我估計，在里奇蒙公園騎車時有百分之十的路途、在西班牙騎車時有百分之十五的路途，屬於陡坡。沒錯，這些路段使我心跳升到最快的速度，為我帶來超過百分之八十的運動好處！我不是狂熱的腳踏車迷，也不喜歡山坡路——但從另外一邊下山的時候，我覺得很高興。可是，我不會選擇在平坦的路面騎車。雖然陡坡在某種意義上令人不快，但風景因為山坡而更顯壯闊，也為我提供「陰性」活動，使平坦或下山的騎乘等「陽性」活動變得更有趣。

我可以依據個人經驗和數百位讀者的證言來告訴各位，我們有可能扭轉人生比例，從大抵沒有意義或給人壓力的活動（陰），轉換到人生境界的提升（陽）。我們當然不會想經歷一次又一次相同的蜜月旅行，或相同的假期。我們會找新的休閒方法。大部分的人也不會想要一直休息。我們想要運動、發揮及培養技能、思考、證明自己、幫助他人、探索各式各樣的人際關係。我們不會想要沉迷於效率之中，但我們想盡可能輕鬆和聰明地處理不屬於改善人生的活動。

承擔因進步而來的責任

糟糕的習氣會跟好的習慣一樣自我實現，放下懷疑和悲觀，恢復你對進步的信心吧。要知道，未來就在這裡——在少數亮眼的例子中，在農業事務上，在產業、服務、教育，在人工智慧，在醫學、物理學和所有科學，甚至社會和政治實驗裡；過去無法想像的目標已經被超越了，而新的目標像彩虹糖一樣不斷落下。

請將80／20法則記在心裡。進步總是來自少數的人和有組織的資源，他們的表現顯示，前人眼中的頂級，是下一階段的地基。進步需要菁英，但菁英為榮譽和服務社會而活，菁英願意讓我們運用他們的天賦。進步有賴於見識超凡卓越的成就，以及向外傳播成功的事蹟；在於打破多數既有利益塑造的框架；在於要求少數特權享有的水準為所有人共享。

蕭伯納告訴我們，進步在於提出不合理的要求，這點最為重要。每件事情，都要找出產生八十分結果的二十分力，並加以利用，促使我們珍視的事物倍增。我們想要的水準必然超出我們的能力範圍，既然如此，我們要向少數人的成就看齊，使其成為所有人的最低標準，這樣才會進步。

80／20法則最棒的一點在於，你不需要等所有人到齊。你可以在你的工作和生活上開始實行。你可以拿出自己最棒的成就、快樂和服務，分一點給別人，並且將它們變成生命中的一大部分。高峰經驗可以倍增，多數低潮都可以刪去。你能找出多數無關緊要的低價值活動，開始蛻去這層無用的皮。你能依所花的時間和精力來衡量，分辨出是哪些性格、工作方式、生活方式和人際關係，帶給你極高的價值，而其價值遠勝日常生活裡的消磨。找到以後，你就可以用無比的勇氣和決心，將這些人事物放大。你會變成更棒、更有用、更快樂的人。你也能幫助別人做到。

注釋

第1章

①Josef Steindl (1965) *Random Processes and the Growth of Firms: A Study of the Pareto Law*, London: Charles Griffin, p 18.

②在相關研究中，蒐羅許多提及80／20法則的短文——多半將其稱為80／20規則（80 / 20 Rule）——但不見一本以80／20法則為主題的書籍。如果真的有一本討論80／20法則的書，或是以此為研究主題的未出版論文，請讀者諸君務必告訴我。有一本書，雖然並非真正討論80／20法則，卻喚起了大家對這個法則的重視。科特（John Cotter）撰寫《*The 20% Solution*》（Chichester: John Wiley, 1995），在前言提供正確答案：「找出那百分之二十的行為，會在未來替你帶來多數成就，然後把時間和精力集中在這百分之二十上。」（第xix頁）。科特不過在前言提了一下帕列托（第xxi頁），內文裡完全未再說起帕列托其人和80／20法則（包括對這個法則的任何稱呼），而且「帕列托」甚至沒有出現在索引裡。柯特和許多作家一樣，誤將80／20這個公式出現的時代往前追溯到帕列托：「帕列托是一位法國裔的經濟學家，他在一百年前觀察到，多數情況下百分之二十的因素會導致百分之八十的後果。」（亦即，公司的百分之二十顧客，產生百分之八十利潤。）他將此稱為「帕列托法則」（第xxi頁）。實際上帕列托從未使用「80／20」或其他類似的表達方式。他其實稱自己的「法則」為數學公式（另見注釋④），雖然這是80／20法則的源頭，但它跟我們今天知道的80／20法則有所差異。

③The Economist (1996) Living with the car, *The Economist*, 22 June, p 8.

④Vilfredo Pareto (1896/7) *Cours d'Economique Politique*, Lausanne University. 儘管一般均誤以為帕列托使用了「80／20法則」，但事實上他沒有用這個名詞來討論所得不平衡現象，也沒有將這個詞用在任何地方。雖說從他複雜的計算中，的確可以導出這樣一個80／20的結論，但他甚至沒有簡單指明，百分之八十的收入集中在百分之二十的工作人口身上。帕列托所發現的是，所得最高的族群與他們所得的總額之間，有一個不變的關係，呈現出一個規律的對數模式，而且在不同的時間所取得的資料，所畫出的分布圖都是相似形狀。這一點令帕列托

和他的擁護者大為振奮。帕列托的等式如下：

$\log N = \log A + m \log x$

（N 代表所得高於 x 的人數，A 與 m 都是常數。）

⑤此處應強調，這不是帕列托本人所做的結論，而且可惜的是，也不是好幾世代以來擁護他的人所做出的結論。這是一個從他的方法中歸納而得的合理推論，它比帕列托所做的解釋來得易懂。

⑥哈佛大學特別著迷於帕列托這項理解。除了吉普夫教授在哲學領域的影響力，哈佛經濟系裡的研究人員表現出對於帕列托法則的衷心支持。這個現象的最佳解釋，請見帕列托的文章，出處為：*Quarterly Journal of Economics*, Vol LXIII, No 2, May 1949 (President and Fellows of Harvard College)。

⑦有關吉普夫教授的法則，詳細說明請見：Paul Krugman (1996) *The Self-Organizing Economy*, Cambridge, Mass: Blackwell, p 39。

⑧Joseph Moses Juran (1951) *Quality Control Handbook*, New York: McGraw-Hill, pp 38–9. 此為初版，僅七百五十頁，最新版本超過兩千頁。請注意，雖說朱蘭明確提及「帕列托法則」並切中要點，但初版完全沒有使用「80／20」這個詞。

⑨Paul Krugman，前揭書，注釋⑦。

⑩Malcolm Gladwell (1996) The tipping point, *New Yorker*, 3 June.（最新中文版《引爆趨勢》，時報，二〇一五年）

⑪同前注。

⑫James Gleik (1987) *Chaos: Making a New Science*, New York, Little, Brown.（最新中文版《混沌：不測風雲的背後》，天下文化，二〇一六年）

⑬參見 W Brian Arthur (1989) Competing technologies, increasing returns, and lock-in by historical events, *Economic Journal*, Vol 99, March, pp 116–31。

⑭'Chaos theory explodes Hollywood hype', *Independent on Sunday*, 30 March 1997.

⑮George Bernard Shaw, quoted in John Adair (1996) *Effective Innovation*, Pan Books, London, p 169.

⑯引述自 James Gleik，前揭書，注釋⑫。

第 2 章

①作者的計算結果，根據為 Donella H Meadows, Dennis L Meadows and Jorgen Randers (1992) *Beyond the Limits*, London: Earthscan, pp 66f。

②作者的計算結果，根據為 Lester R Brown, Christopher Flavin and Hal Kane (1992) *State of the World*, London: Earthscan, p 111，其根據為 Ronald V A Sprout and James H Weaver (1991) *International Distribution of Income: 1960–1987*, Working Paper No 159, Department of Economics, American University, Washington DC, May。

③Health Care Strategic Management (1995) Strategic planning futurists need to be capitation-specific and epidemiological, *Health Care Strategic Management*, 1 September.

④Malcolm Gladwell (1996) The science of shopping, *New Yorker*, 4 November.

⑤Mary Corrigan and Gary Kauppila (1996) *Consumer Book Industry Overview and Analysis of the Two Leading Superstore Operators*, Chicago, Ill: William Blair & Co.

第 3 章

①Joseph Moses Juran，前揭書（參見第一章，注釋⑧），頁38－39。

②Ronald J Recardo (1994) Strategic quality management: turning the spotlight on strategies as well as tactical issues, *National Productivity Review*, 22 March.

③Niklas Von Daehne (1994) The new turnaround, *Success*, 1 April.

④David Lowry (1993) Focusing on time and teams to eliminate waste at Singo prize-winning Ford Electronics, *National Productivity Review*, 22 March.

⑤Terry Pinnell (1994) Corporate change made easier, *PC User*, 10 August.

⑥James R Nagel (1994) TQM and the Pentagon, *Industrial Engineering*, 1 December.

⑦Chris Vandersluis (1994) Poor planning can sabotage implementation, *Computing Canada*, 25 May.

⑧Steve Wilson (1994) Newton: bringing AI out of the ivory tower, *AI Expert*, 1 February.

⑨Jeff Holtzman (1994) And then there were none, *Electronics Now*, 1 July.

⑩MacWeek (1994) Software developers create modular applications that include low prices and core functions, *MacWeek*, 17 January.

⑪Barbara Quint (1995) What's your problem?, *Information Today*, 1 January.

⑫參見 Richard Koch and Ian Godden (1996) *Managing Without Management*, London: Nicholas Brealey, especially Chapter 6, pp 96–109。（中文版《沒有管理的管理》，晨星，一九九八年）

⑬Peter Drucker (1995) *Managing in a Time of Great Change*, London, Butterworth-Heinemann, pp 96f.

⑭Richard Koch and Ian Godden，前揭書（參見注釋⑫）；參見第六章以及第177頁。

第 5 章

①Henry Ford (1991) *Ford on Management*, intr. Ronnie Lessem, Oxford: Blackwell, pp 10, 141, 148. 再版為 Henry Ford (1922) *My Life and Work* and (1929) *My Philosophy of Industry*。

②Gunter Rommel (1996) *Simplicity Wins*, Cambridge, Mass: Harvard Business School Press.

③George Elliott, Ronald G Evans and Bruce Gardiner (1996) Managing cost: transatlantic lessons, *Management Review*, June.

④Richard Koch and Ian Godden，前揭書（參見第三章，注釋⑫）。

⑤Carol Casper (1994) Wholesale changes, *US Distribution Journal*, 15 March.

⑥Ted R Compton (1994) Using activity-based costing in your organization, *Journal of Systems Management*, 1 March.

第 6 章

①Vin Manaktala (1994) Marketing: the seven deadly sins, *Journal of Accountancy*, 1 September.

②我們很容易忘記，二十世紀初的幾位重要工業鉅子，以他們的能力和理想主義式的眼光，成就了社會轉型。這些工業鉅子推崇繁榮，主張貧窮雖然在眼前是普遍的現象，卻是一定可以消弭的。例如福特說過：「以消弭更

窮凶極惡的貧苦為己任，欲達此實不難也。大地資源如此豐富，衣食可以無虞，工作休閒可以不缺。」參見 Henry Ford (1991) *Ford on Management*, intr. Ronnie Lessem, Oxford: Blackwell, pp 10, 141 and 148. 感謝伊萬·亞歷山大（Ivan Alexander）為我提供大作《*The Civilized Market*》(Oxford: Capstone, 1997）的書稿，這個觀點以及其他我援引的看法，來自該書第一章（參見注釋③）。

③參見 Ivan Alexander (1997) *The Civilized Market*, Oxford: Capstone。

④引述自 Michael Slezak (1994) Drawing fine lines in lipsticks, *Supermarket News*, 11 March。

⑤Mark Stevens (1994) Take a good look at company blind spots, *Star-Tribune* (Twin Cities), 7 November.

⑥John S Harrison (1994) Can mid-sized LECs succeed in tomorrow's competitive marketplace?, *Telephony*, 17 January.

⑦Ginger Trumfio (1995) Relationship builders: contract management, *Sales & Marketing Management*, 1 February.

⑧Jeffrey D Zbar (1994) Credit card campaign highlights restaurants, *Sun-Sentinel* (Fort Lauderdale), 10 October.

⑨Donna Petrozzello (1995) A tale of two stations, *Broadcasting & Cable*, 4 September.

⑩Insurance agency consultant Dan Sullivan, 引述自 Sidney A Friedman (1995) Building a super agency of the future, *National Underwriter Life and Health*, 27 March。

⑪許多探討特定企業和產業的文章可證實這點。舉例來說，可參見 Brian T Majeski (1994) The scarcity of quality sales employees, *The Music Trades*, 1 November。

⑫Harvey Mackay (1995) We sometimes lose sight of how success is gained, *The Sacramento Bee*, 6 November.

⑬The Music Trades (1994) How much do salespeople make?, *The Music Trades*, 1 November.

⑭Robert E Sanders (1987) The Pareto Principle, its use and abuse, *Journal of Consumer Marketing*, Vol 4, Issue 1, Winter, pp 47–50.

第 7 章

①Peter B Suskind (1995) Warehouse operations: don't leave well alone, *IIE Solutions*, 1 August.

②Gary Forger (1994) How more data + less handling = smart warehousing, *Modern Materials Handling*, 1 April.

③Robin Field, Branded consumer products, in James Morton (ed.) (1995) *The Global Guide to Investing*, London: FT/Pitman, pp 471f.

④Ray Kulwiec (1995) Shelving for parts and packages, *Modern Materials Handling*, 1 July.

⑤Michael J Earl and David F Feeny (1994) Is your CIO adding value?, *Sloan Management Review*, 22 March.

⑥Derek L Dean, Robert E Dvorak and Endre Holen (1994) Breaking through the barriers to new systems development, *McKinsey Quarterly*, 22 June.

⑦Roger Dawson (1995) Secrets of power negotiating, *Success*, 1 September.

⑧Orten C Skinner (1991) Get what you want through the fine art of negotiation, *Medical Laboratory Observer*, 1 November.

第 9 章

①這個說法來自亞歷山大（前揭書，第二章），我厚著臉皮將他對進步的看法直接挪用過來。

②前段提到的亞歷山大說得好：「今日我們已明白，地球資源有時盡，但我們在另一新空間開發了別的機會，這片空間精巧而豐饒，蘊藏無限商機。貿易、商業、自動化、機器人工業、資訊工業等，是一片無邊際的機會之疆域。人類歷史迄今所發明的機器中，電腦為最不受空間限制者。」我對於進步的看法，有一大部分借用了亞歷山大的觀念。

第 10 章

①引述自 *Oxford Book of Verse* (1961) Oxford: Oxford University Press, p 216。

②關於時間管理的準則，最好、最先進的指南為 Hiram B Smith (1995) *The Ten Natural Laws of Time and Life Management*, London: Nicholas Brealey。Smith 用大篇幅談論富蘭克林公司，比較少提及他們的摩門教色彩。

③Charles Handy (1969) *The Age of Unreason*, London: Random House, Chapter 9. 另外參見 Charles Handy (1994)

The Empty Raincoat, London: Hutchinson。

④參　見 William Bridges (1995) *JobShift: How to Prosper in a Workplace without Jobs*, Reading, Mass: Addison-Wesley/London: Nicholas Brealey。Bridges 的主張很有說服力，他說大型組織裡的全職工作將愈來愈不普遍，「工作」（job）一詞將回歸到原始的「任務」（task）之意。

⑤Roy Jenkins (1995) *Gladstone*, London: Macmillan.

第12章

①Donald O Clifton and Paula Nelson (1992) *Play to Your Strengths*, London: Piatkus.

②J G Ballard (1989) 的採訪報導，出自 *Re/Search magazine* (San Francisco), October, pp 21–2。

③基督教得以興盛，使徒保羅堪稱厥功甚偉，其功勞甚至可能居於耶穌之上。由於保羅之故，羅馬人開始以較友善的態度看待基督教。本來，包括彼得在內的大部分使徒，都強烈反對保羅把基督教傳入羅馬，但若無保羅排除這些壓力，定意將基督教傳入羅馬，也許基督教只會是一支邊緣的教派，無法流傳開來。

④參見 Vilfredo Pareto (1968) *The Rise and Fall of Elites*, intr. Hans L Zetterberg, New York: Arno Press。本書最初於一九〇一年以義大利文出版，書中引言精闢點出帕列托早期進行的社會學研究。將帕列托描述為「中產階級的馬克思」，這句話出自一九二三年一份社會主義的通訊刊物《*Avanti*》，上面登了帕列托的訃聞。以這句話描述帕列托，等於間接恭維其人。事實上，帕列托和馬克思一樣，強調階級和意識型態會主導人的行為。

⑤音樂和視覺藝術或許除外。不過，即便是在這些領域當中，合作夥伴可能也比一般所認知的要來得重要。

第13章

①參見 Robert Frank and Philip Cook (1995) *The Winner-Take-All Society*, New York: Free Press。（中文版《贏家通吃的社會》，智庫，二〇〇四年）這本書沒有使用80／20法則這名詞，但很明顯談的是像80／20這樣的定律，他們探討了這種不平衡酬勞之下隱藏的浪費。另參見《經濟學人》（*The Economist*, 25 November 1995, p 134）一篇評論本書的文章。我在本章大量援引該書評的論點。此文指出，一九八〇年代初期，芝加哥大學經濟學家

Sherwin Rose 寫了好幾篇文章，討論與頂尖人物有關的經濟學。

②參見 Richard Koch (1995) *The Financial Times Guide to Strategy*, London: Pitman, pp 17–30。

③G W F Hegel, trans. T M Knox (1953) *Hegel's Philosophy of Right*, Oxford: Oxford University Press.

④參見 Louis S Richman (1994) The new worker elite, *Fortune*, 22 August, pp 44–50。

⑤這趨勢是「管理之死」的一個支流。認為管理已死的觀點，視經理人為累贅，唯有真正做事的人，在有效率的企業裡才有一席之地。參見 Richard Koch and Ian Godden，前揭書（參見第三章，注釋⑫）。

第14章

①這是高度簡化的版本。想要認真打理個人投資的人士，請參見 Richard Koch (1994, 1997) *Selecting Shares that Perform*, London: Pitman。（中文版《散戶兵法：十種超越大盤的選股策略》，財訊，一九九六年）

②依據為 *BZW Equity and Gilt Study* (1993) London: BZW。參見 Koch，前揭書，頁3。

③Vilfredo Pareto，前揭書。

④參見 Janet Lowe (1995) *Benjamin Graham, The Dean of Wall Street*, London: Pitman。

⑤編注：這是作者依據國外市場情況所得的建議，不全適用於台灣市場。

⑥除了歷史本益比（以去年公布的盈餘計算），還有未來本益比（以股市分析預估的未來盈餘計算）。若預估盈餘增加，則未來本益比會低於歷史本益比，令股價顯得比較便宜。經驗豐富的投資人應將未來本益比納入考量，但未來本益比也有潛在風險，因為預估收益或許不會實現（其實，通常不會實現）。有關本益比的詳細討論，見 Richard Koch，前揭書（參見注釋①），頁108–112。（編注：但在台灣，情況略有不同。證交所依去年每股稅後純益來估算目前股價本益比，這可說是去年本益比。而各公司往往會在每年第一季，提出預估營業額的成長，以此預估今年本益比，反映股價。另外，有些法人會提出幾年後的未來本益比，但這通常不盡有利。本益比雖說是重要參考，但也不應是唯一指標。）

⑦編注：關於追蹤指數這一段的敘述，是國外的操作情形。以電腦套裝軟體程式設計，定出指數的基準點，根據這基準來買賣。

第15章

①出自 Daniel Goleman (1995) *Emotional Intelligence*, London: Bloomsbury, p 179。（中文版《EQ》，時報，一九九六年）

②參見 Dr Dorothy Rowe (1996) The escape from depression, *Independent on Sunday* (London), 31 March, p 14。引述自 *In the Blood: God, Genes and Destiny* by Professor Steve Jones (1996, London: HarperCollins)。

③Dr Peter Fenwick (1996) The dynamics of change, *Independent on Sunday* (London), 17 March, p 9.

④Ivan Alexander，前揭書（參見第六章，注釋②），第四章。

⑤Daniel Goleman，前揭書（參見注釋①），頁34。

⑥同前注，頁36。

⑦同前注，頁246。

⑧同前注，頁6－7。

⑨Dr Peter Fenwick，前揭書（參見注釋①），頁10。

⑩Daniel Goleman 引述自前揭書（參見注釋①），頁87。

⑪同前注，頁179。

⑫關於這一點，我要謝謝一位朋友，巴特立思（Patrice Trequisser），是他告訴我80／20法則的重要表現形式：你可以一見鍾情，在瞬間墜入愛河，而此影響力在你此後生命中始終重要。在這一件事上，他一定不會接受我的質疑，因為他在近三十年前一場邂逅中對一名女子一見鍾情，兩人結褵多年，至今恩愛。但是當然，他是法國人。

第16章

①引述自 Joseph Murphy (1963, 2007) *The Power of Your Subconscious Mind*, Radford, Virginia: Wilder Publications, p 29。（中文版《潛意識的力量》，印刻，二〇〇九年；《心想事成》，希代，二〇〇〇年；《想有錢就有錢》，網路與書，二〇一六年）

②引述自 Leonard Trilling (1972) *Sincerity and Authenticity*, Cambridge Mass: University of Harvard Press, p 5。

③Henri F Ellenberger (1970, 1981) *The Discovery of the Unconscious: The History and Evolution of Dynamic Psychiatry*, New York: Basic Books.（中文版《發現無意識》，遠流，二〇〇三年）

④Sigmund Freud (1927, 1990) *The Question of Lay Analysis*, New York: W W Norton & Co.

⑤Carl Jung (1964, 1997) *Man and His Symbols*, Brooklyn, New York: Laurel Press, p 37.

⑥Marshall McLuhan (1964, 1993) *Understanding Media: The Extensions of Man*, London: Routledge.（中文版《認識媒體：人的延伸》，貓頭鷹，二〇一五年）

⑦Joseph E LeDoux (1996) *The Emotional Brain: The Mysterious Underpinnings of Emotional Life*, New York: Simon & Schuster, p 302.（中文版《腦中有情——奧妙的理性與感性》，遠流，二〇〇一年）

⑧H A Williams (1965, 1968) *The True Wilderness*, Harmondsworth (England): Pelican/Penguin, p 67.

⑨Emile Coué (1922) *Self-Mastery Through Conscious Autosuggestion*, New York: American Library Service; 亦可至 www.openlibrary.org.

⑩Harry W Carpenter (2011) *The Genie Within – Your Subconscious Mind: How It Works and How to Use It*, Fallbrook (California): Harry Carpenter Publishing, p 74.（中文版《精進潛意識：砍掉你的隱形負思維，奪回命運自主權》，大寫，二〇一八年）

⑪Nancy C Andreasen (2006) *The Creative Brain: The Science of Genius*, New York: Plum, p 44.

⑫Alan J Rocke (2010) *Image and Reality: Kekulé, Kopp, and the Scientific Investigation*, Chicago: University of Chicago Press.

⑬John Reed (1957, 2013) *From Alchemy to Chemistry,* Mineola, New York: Dover Publications, pp 179–80.

⑭除了瓦特以外，文中幾位科學家的事蹟請見 Joseph Murphy，前揭書，頁80－82。瓦特以及其他科學家的例子，可參見 Harry Carpenter，前揭書，頁120－122。有人懷疑，這些故事之中，有一些真實性存疑、經過美化，或者是科學家本身編造的故事——但許多故事的可能性很高，而且這些科學家必定以某種方式，將他們的潛意識派上用場。

⑮Thomas S Kuhn (1962, 2012) *The Structure of Scientific Revolutions*, Chicago: University of Chicago Press, p 90（括號內乃另外附加的文字）。（中文版《科學革命的結構》，遠流，二〇一七年）

⑯David Brooks (2011) *The Social Animal*, New York: Random House, pp 244–5.（中文版《社會性動物》，商周，二〇一七年）

⑰引述自 Charles Taylor (1989) *Sources of the Self: The Making of the Modern Identity*, Cambridge (England): Cambridge University Press, p 301。

⑱《腓利門書》第四章第八節。

⑲譯注：出自康德的名言，「以人性這種彎曲的木材，造不出什麼直的東西來。」

第17章

①數學算式為：$1,000! / (2! \times 998) = 499,500$ 以及 $2,000! (2! \times 1,998!) = 1,999,000$。

②*Silicon Valley Insider*, 31 March 2011，輔以作者本身的計算。

③Shaomei Wu, Jake M Hoffman, Winter A Mason, and Duncan J Watts (2011), 'Who Says What to Whom on Twitter', Yahoo Research, http://research.yahoo.com/node/3386, retrieved 28 September 2012.

④《麥肯錫季刊》（*McKinsey Quarterly*）對施密特的採訪報導，二〇〇八年九月。

⑤Parag Khanna (2016) *Connectography: Mapping the Global Network Revolution*, London: Weidenfeld & Nicolson, p 49.（中文版《連結力：未來版圖　超級城市與全球供應鏈，創造新商業文明，翻轉你的世界觀》，聯經，二〇一六年）

⑥同前注，頁xxii。

⑦同前注，插圖三十七下方的說明文字，頁246–247。

⑧同前注。

第18章

① Marshall W Van Alstyree et al, 'How Platforms Change Strategy', *Harvard Business Review*, April 2016, pp 54–60.

② Walter Isaacson (2011) *Steve Jobs*, London: Little, Brown, pp 402–3.（中文版《賈伯斯傳》，天下文化，二〇一七年）

③ 同前注，頁403。

④ 譯注：聯邦星艦企業號是科幻影集《星艦迷航記》裡的主要星艦。

⑤ The Perry Marshall Marketing Letter (2015), Vol 15, Issue 4, p 11，蒙 www.perrymarshall.com 允許引用。

國家圖書館出版品預行編目 (CIP) 資料

80/20 法則：商場獲利與生活如意的成功法則／理查・
柯克（Richard Koch）著；謝綺蓉，趙盛慈譯 .
-- 四版 . -- 臺北市 : 大塊文化 , 2018.12
面；14.8×21 公分 . -- (touch ; 8)
譯自 : The 80/20 principle
ISBN 978-986-213-942-4 (平裝)

1. 工作效率　2. 職場成功法

494.01　107019561

LOCUS

L O C U S

LOCUS

LOCUS